中华人民共和国建设部

市政工程投资估算指标

第一册 道路工程

HGZ 47-101-2007

中国计划出版社
北　　京

图书在版编目(CIP)数据

市政工程投资估算指标．第1册，道路工程．HGZ 47－101－2007/建设部标准定额研究所主编．—北京：中国计划出版社，2007.11(2021.4重印)

ISBN 978－7－80242－019－9

Ⅰ．市…　Ⅱ．建…　Ⅲ．①市政工程—工程造价—估算—中国②道路工程—工程造价—估算—中国　Ⅳ．TU723.3　U415.13

中国版本图书馆CIP数据核字(2007)第153658号

市政工程投资估算指标

第一册　道路工程

HGZ 47－101－2007

建设部标准定额研究所　主编

中国计划出版社出版发行

网址：www.jhpress.com

地址：北京市西城区木樨地北里甲11号国宏大厦C座3层

邮政编码：100038　电话：(010) 63906433 (发行部)

三河富华印刷包装有限公司印刷

880mm×1230mm　1/16　5印张　129千字

2007年11月第1版　2021年4月第3次印刷

ISBN 978-7-80242-019-9

定价：12.00元

主编部门： 中华人民共和国建设部

批准部门： 中华人民共和国建设部

执行日期： 2007 年 12 月 1 日

建　设　部
关于印发《市政工程投资估算指标》的通知

建标［2007］163 号

为合理确定和控制市政工程投资，满足市政建设项目编制项目建议书和可行性研究报告投资估算的需要，我部制定了《市政工程投资估算指标》(《第一册　道路工程》、《第三册　给水工程》、《第七册　燃气工程》、《第八册　集中供热热力网工程》), 编号分别为 HGZ 47-101-2007、HGZ 47-103-2007、HGZ 47-107-2007、HGZ 47-108-2007，现印发给你们。自 2007 年 12 月 1 日起施行。我部 1996 年发布的《全国市政工程投资估算指标》同时废止。

《市政工程投资估算指标》由建设部标准定额研究所组织中国计划出版社出版发行。

请你们认真贯彻执行，并将工作中的问题和建议反馈建设部标准定额司。

中华人民共和国建设部

二〇〇七年六月二十六日

前　　言

根据建设部“关于印发《二〇〇三年工程项目建设标准、投资估算指标、建设项目评价方法与参数编制项目计划》的通知要求”，我部制定了《市政工程投资估算指标》(以下简称《指标》)，本《指标》包括《第一册　道路工程》、《第二册　桥梁工程》、《第三册　给水工程》、《第四册　排水工程》、《第五册　防洪堤防工程》、《第六册　隧道工程》、《第七册　燃气工程》、《第八册　集中供热热力网工程》、《第九册　路灯工程》、《第十册　垃圾处理工程》、《第十一册　地铁工程》。2007 年 6 月 26 日我部首先批准了其中四册(第一册、第三册、第七册、第八册)。《指标》的制定发布将对合理确定和控制市政工程投资，满足市政建设项目编制项目建议书和可行性研究报告投资估算的需要起到积极的作用。

本《指标》由建设部标准定额研究所负责管理和解释，请各单位在执行过程中，注意积累资料，认真总结经验，将有关意见及时反馈标准定额研究所。

本《指标》的主编单位、参编单位：

主编单位：建设部标准定额研究所

参编单位：北京市建设工程造价管理处
北京城建设计研究总院有限责任公司
天津市建设工程定额管理研究站
天津市市政工程经济技术定额研究站
上海市建设工程标准定额管理总站
上海市市政工程定额管理站
上海市政工程设计研究总院
上海市隧道工程轨道交通设计研究院
重庆市建设工程造价管理总站
河北省工程建设造价管理总站
辽宁省建设工程造价管理总站
安徽省建设工程造价管理总站

总 说 明

为了合理确定和控制市政工程投资，满足建设项目编制项目建议书和投资估算的需要，提高建设工程投资效果，制定《市政工程投资估算指标》（以下简称本指标）。

一、本指标依据建设部“关于印发《二〇〇三年工程项目建设标准、投资估算指标、建设项目评价方法与参数编制项目计划》的通知”下达的编制计划，以现行全国市政工程设计标准、质量验收规范和建设部、财政部“关于印发《建筑安装工程费用项目组成》的通知”（建标〔2003〕206 号）、《建设项目总投资及其他费用项目组成规定》（送审稿），以及预算定额、工期定额为依据，在《全国市政工程投资估算指标》（1996 年）的基础上，结合近年有代表性的已竣工典型工程项目的相关资料进行编制。

二、本指标适用于新建、改建、扩建的市政工程项目。

三、本指标是建设项目建议书、可行性研究报告阶段编制投资估算的依据；是多方案比选、优化设计、合理确定投资的基础；是开展项目评价、控制初步设计概算、推行限额设计的参考。

四、本指标共十一册。包括《第一册　道路工程》、《第二册　桥梁工程》、《第三册　给水工程》、《第四册　排水工程》、《第五册　防洪堤防工程》、《第六册　隧道工程》、《第七册　燃气工程》、《第八册　集中供热热力网工程》、《第九册　路灯工程》、《第十册　垃圾处理工程》、《第十一册　地铁工程》。

五、本指标分综合指标和分项指标。综合指标包括建筑安装工程费、设备购置费、工程建设其他费用、基本预备费；分项指标包括建筑安装工程费、设备购置费。

（一）建筑安装工程费由直接费和综合费用组成。直接费由人工费、材料费、机械费组成。将《建筑安装工程费用项目组成》中的措施费（环境保护、文明施工、安全施工、临时设施、夜间施工的内容）按比例（见费率取定表）分别摊入人工费、材料费和机械费。二次搬运、大型机械设备进出场及安装拆除、混凝土和钢筋混凝土模板及支架、脚手架编入直接工程费。综合费用由间接费、利润和税金组成。

（二）设备购置费依据设计文件规定，其价格由设备原价+设备运杂费组成，设备运杂费指除设备原价之外的设备采购、运输、包装及仓库保管等方面支出费用的总和。

（三）工程建设其他费用包括：建设管理费、可行性研究费、研究试验费、勘察设计费、环境影响评价费、场地准备及临时设施费、工程保险费、联合试运转费、生产准备及开办费。按国家现行有关统一规定程序计算。

（四）预备费包括基本预备费和价差预备费。基本预备费系指在投资估算阶段不可预见的工程费用。

六、本指标的编制期价格、费率取定：

（一）价格取定。人工工资综合单价按北京地区 2004 年 31.03 元/工日；材料价格、机械台班单价按北京地区 2004 年价格。

（二）费率取定。

1. 将措施费分别摊入人工费、材料费和机械费。措施费费率见下表。

项目	道路	桥梁	给水	排水	防洪堤防	隧道		燃气	热力	路灯
						岩石	软土			
费率（%）	4.10	4.40	6.00	6.00	4.00	5.08	5.08	6.00	4.00	4.00

计费基数：人工费+材料费+机械费。

分摊比例：其中人工费 8% ，材料费 87%，机械费 5%，分别按比例计算。

2. 综合费用费率见下表。

项目	道路	桥梁	给水	排水	防洪堤防	隧道		燃气	热力	路灯
						岩石	软土			
费率（%）	22.78	22.90	21.30	21.30	21.00	27.68	27.68	21.30	21.30	21.00

计费基数：估算指标直接费。

3. 工程建设其他费用费率。工程建设其他费用费率按 10%～15%确定。具体数值由各册根据专业以及国家规定的收费标准测算确定，并在册说明中说明。

计费基数：建筑安装工程费+设备购置费。

4. 基本预备费费率按 8%确定。

计费基数：建筑安装工程费+设备购置费+工程建设其他费用。

5.《第十册　垃圾处理工程》、《第十一册　地铁工程》的费率见分册说明。

七、本指标计算程序见下表。

综合指标计算程序

序号	项　　目	取费基数及计算式
	指标基价	一+二＋三＋四
一	建筑安装工程费	4+5
1	人工费小计	—
2	材料费小计	—
3	机械费小计	—
4	直接费小计	1+2+3
5	综合费用	4×综合费用费率
二	设备购置费	原价+设备运杂费
三	工程建设其他费用	（一+二）×工程建设其他费用费率
四	基本预备费	（一+二+三）×8%

分项指标计算程序

序号	项　　目	取费基数及计算式
	指标基价	一+二
一	建筑安装工程费	（四）＋（五）
1	人工费	—
2	措施费分摊	（1+3+5）×措施费费率×8%
（一）	人工费小计	1+2
3	材料费	—
4	措施费分摊	（1+3+5）×措施费费率×87%
（二）	材料费小计	3+4
5	机械费	—
6	措施费分摊	（1+3+5）×措施费费率×5%
（三）	机械费小计	5+6
（四）	直接费小计	（一）＋（二）＋（三）
（五）	综合费用	（四）×综合费用费率
二	设备购置费	原价+设备运杂费

八、本指标的使用。本指标中的人工、材料、机械费的消耗量原则上不作调整。使用本指标时可按指标消耗量及工程所在地当时当地市场价格并按照规定的计算程序和方法调整指标，费率可参照指标确定，也可按各级建设行政主管部门发布的费率调整。

具体调整办法如下：

（一）建筑安装工程费的调整。

1. 人工费：以指标人工工日数乘以当时当地造价管理部门发布的人工单价确定。

2. 材料费：以指标主要材料消耗量乘以当时当地造价管理部门发布的相应材料价格确定。

$$其他材料费=指标其他材料费\times\frac{调整后的主要材料费}{指标（材料费小计-其他材料费-材料费中措施费分摊）}$$

3. 机械费：列出主要机械台班消耗量的调整方式：以指标主要机械台班消耗量乘以当时当地造价管理部门发布的相应机械台班价格确定。

$$其他机械费=指标其他机械费\times\frac{调整后的主要机械费}{指标（机械费小计-其他机械费-机械费中措施费分摊）}$$

未列出主要机械台班消耗量的调整方式：

$$机械费=指标机械费\times\frac{调整后的（人工费+材料费）}{指标（人工费+材料费）}$$

4. 直接费：调整后的直接费为调整后的人工费、材料费、机械费之和。

5. 综合费用：综合费用的调整应按当时当地不同工程类别的综合费率计算。计算公式如下：

综合费用=调整后的直接费×当时当地的综合费率

6. 建筑安装工程费：

建筑安装工程费=调整后的（直接费+综合费用）

（二）设备购置费的调整。指标中列有设备购置费的，按主要设备清单，采用当时当地的设备价格或上涨幅度进行调整。

（三）工程建设其他费用的调整。工程建设其他费用的调整，按国家规定的不同工程类别的工程建设其他费用费率计算。计算公式如下：

工程建设其他费用=调整后的（建筑安装工程费+设备购置费）
× 国家规定的工程建设其他费用费率

（四）基本预备费的调整。

基本预备费=调整后的（建筑安装工程费+设备购置费+工程建设其他费用）
×基本预备费费率

（五）指标基价的调整。

指标基价=调整后的（建筑安装工程费+设备购置费+工程建设其他费用
+基本预备费）

九、建设项目投资估算编制。编制建设项目投资估算，应按上述办法调整。指标中未列费用可根据有关规定调整。

十、本指标中指标编号为“×Z-×××”或“×F-×××”，除注明用英文字母表示外，均用阿拉伯数字表示。

其中：“-”线前部分×表示分册，Z表示综合指标，F表示分项指标；

“-”线后部分×××表示划分序号，同一部分顺序编号。

十一、本指标中注明“××以内”或“××以下”者，均包括××本身；而注明“××以外”或“××以上”者，均不包括××本身。

册　说　明

一、《市政工程投资估算指标》第一册“道路工程”（以下简称本册指标）是根据全国城市道路工程设计规范、质量验收标准及地区性标准通用图集，在搜集、整理、分析市政工程建设项目有关设计概算、施工预决算资料的前提下，按照合理的施工组织设计、正常的施工条件，运用数理统计方法，确定各项工程含量，参照有关定额编制而成。

二、本册指标编制主要依据及参考资料：

1.《全国统一市政工程预算定额》（1999 年）及建设部关于定额的有关补充规定。

2.《全国市政工程投资估算指标》（1996 年）。

3.《建设工程工程量清单计价规范》（GB 50500—2003）。

4.《公路工程预算定额》（JTG/T B06—02—2007）、《公路工程概算定额》（JTG/T B06—01—2007）。

5.《城市道路设计规范》（GJJ 37—90）（含 1998 年局部修订条文）。

6.《城市道路绿化规划与设计规范》（GJJ 75—97）。

7.《沥青路面施工及验收规范》（GB 50092—96）。

8.《水泥混凝土路面施工及验收规范》（GBJ 97—87）。

9.《粉煤灰石灰类道路基层施工及验收规程》（CJJ 4—97）。

10.《城市道路路基工程施工及验收规范》（CJJ 44—91）。

11. 现行的市政工程标准图集和具有代表性工程的设计图纸。

12.《天津市市政工程预算定额》（2004 年）。

13.《天津市园林工程预算定额》（2004 年）。

14.《上海市市政工程预算定额》（2000 年）。

15.《北京市建设工程概算定额》（2004 年）。

16.《福建省市政工程消耗量定额》（2005 年）。

17. 已被广泛采用的市政工程新技术、新结构、新材料、新设备和已被检验确定成熟的相关资料。

三、本册指标包括的内容：

（一）道路工程综合指标：每建设 $100m^2$ 各种等级道路工程的投资费用，包括建筑安装工程费、设备购置费、工程建设其他费用及基本预备费。

（二）道路工程分项指标：包括建设道路的各分部分项工程的建筑安装工程费用。

（三）附录：包括综合指标套用分项指标明细表，主要材料、机械台班、设备单价取定表，编制道路工程投资估算应用案例。

四、相关说明：

1. 挖方项目含 10km 弃运；填方项目含填方材料价格，若不需购买应减除填方材料费用。

2. 本册指标中基层混合料均按商品混合料考虑；水泥混凝土均按商品混凝土考虑。

3. 本册指标中工程建设其他费用按 12%计算。

目　录

1　道路工程综合指标

说　明

本章综合指标是按道路工程项目以分项指标项目综合编制的。按城市道路等级及不同结构形式划分（每 $100m^2$）计算投资估算指标价格。

一、道路工程按等级划分为快速路、主干路、次干路、支路；按道路类别划分为沥青混凝土路面、水泥混凝土路面。

二、综合指标划分为沥青混凝土道路、水泥混凝土道路及上跨桥沥青混凝土立交道路三部分。内容包括：路基土石方工程、道路基层、道路面层、人行道及其他。

三、综合指标道路横断面尺寸、路面结构层厚度见下表：

横断面尺寸（m）

道路等级	机动车道	机非混合行驶车道	人行道	分隔带
快速路	2×19	2×9	2×3	2×2+4
主干路	23	2×4	2×3	2×1.5
次干路	23	—	2×3.5	—
支路	12	—	2×4	—

路面结构层厚度（cm）

道路等级	道路类别	路面结构			
		总厚度	沥青混凝土面层	水泥混凝土面层	基层
快速路	沥青混凝土路面	70	4（改）+12	—	18 水泥稳定碎石+18 二灰碎石+18 二灰土
		62	4（改）+10	—	18 二灰碎石+15 二灰碎石+15 二灰土
	水泥混凝土路面	58	—	28	30 二灰碎石
主干路	沥青混凝土路面	62	11	—	18 水泥稳定碎石+18 二灰碎石+15 二灰土
		58	10	—	18 二灰碎石+15 二灰碎石+15 二灰土
	水泥混凝土路面	54	—	24	30 二灰碎石
次干路	沥青混凝土路面	58	10	—	18 二灰碎石+15 二灰碎石+15 二灰土
		52	7	—	15 二灰碎石+15 二灰碎石+15 二灰土
	水泥混凝土路面	50	—	20	30 二灰碎石
支路	沥青混凝土路面	54	9	—	15 二灰碎石+15 石灰土+15 石灰土
		42	4	—	18 二灰碎石+20 石灰土
	水泥混凝土路面	38	—	18	20 二灰碎石
水泥花砖人行道		38	6（面层）+2（垫层）+30（基层）		

四、工程量计算规则：

1. 综合指标工程量计算：道路面积以道路中心线长度乘以道路车行道（包括分隔带）宽度。人行道不计算面积，但其费用已含在指标内。

2. 综合指标中土石方均按挖土方考虑，土方工程量是按道路结构层厚度计算的，实际工程情况不同时，可以调整。

3. 综合指标中结构层厚度和材料组成与实际工程不同时，可按分项指标相应项目进行调整。

4. 综合指标中立交道路宽度为15m，坡度按3%考虑，挡土墙最高高度按3.5m计算。实际挡土墙高度和宽度与指标不同时可按不同比例调整相应分项指标消耗量，其中挡土墙长度增减与挡土墙高度成正比，挡土墙体积增减与挡土墙高度的平方成正比。

1.1 沥青混凝土道路

工程内容：1. 土方、路基、路面、人行道及其他等。2. 土方、路基、路面。

单位：100m²

指标编号				1Z-001		1Z-002		1Z-003		1Z-004	
项目			单位	沥青混凝土快速路（四幅）							
				十车道				每增减二车道			
				结构层厚度							
				70cm	占指标基价（%）	62cm	占指标基价（%）	70cm	占指标基价（%）	62cm	占指标基价（%）
指标基价			元	32384	100.00	27104	100.00	3573	100.00	2974	100.00
一、建筑安装工程费			元	26776	82.68	22386	82.59	2948	82.51	2451	82.41
二、设备购置费			元	—	—	—	—	—	—	—	—
三、工程建设其他费用			元	3213	9.92	2686	9.91	354	9.91	294	9.89
四、基本预备费			元	2395	7.40	2032	7.50	271	7.58	229	7.70
建筑安装工程费											
直接费	人工费	人工	工日	17	—	15	—	1	—	1	—
		措施费分摊	元	69	—	57	—	8	—	6	—
		人工费小计	元	604	1.87	535	1.97	48	1.34	39	1.31
	材料费	石灰粉煤灰碎石	t	35.58	—	65.23	—	3.86	—	7.07	—
		水泥稳定碎石	t	38.92	—	—	—	4.22	—	—	—
		改性沥青混凝土	t	8.98	—	8.98	—	1.12	—	1.12	—
		沥青混凝土（综合）	t	24.92	—	20.77	—	3.12	—	2.60	—
		其他材料费	元	2907	—	2675	—	229	—	203	—
		措施费分摊	元	747	—	625	—	82	—	68	—
		材料费小计	元	17224	53.19	14000	51.65	1920	53.74	1555	52.29
	机械费	履带式单斗挖土机 1.0m³	台班	0.21	—	0.19	—	0.02	—	0.02	—
		自卸汽车 8t	台班	3.42	—	3.04	—	0.35	—	0.31	—
		压路机 12～15t	台班	1.08	—	1.05	—	0.12	—	0.12	—
		稳定土混合料摊铺机	台班	0.07	—	0.07	—	0.01	—	0.01	—
		压路机 8～10t	台班	0.59	—	0.55	—	0.07	—	0.07	—
		履带式沥青混凝土摊铺机	台班	0.36	—	0.35	—	0.05	—	0.04	—
		其他机械费	元	650	—	605	—	73	—	68	—
		措施费分摊	元	43	—	36	—	5	—	4	—
		机械费小计	元	3980	12.29	3698	13.64	433	12.12	402	13.52
	直接费小计		元	21808	67.34	18233	67.27	2401	67.20	1996	67.11
综合费用			元	4968	15.34	4153	15.32	547	15.31	455	15.30
合计			元	26776	—	22386	—	2948	—	2451	—

工程内容：1. 土方、路基、路面、人行道及其他等。2. 土方、路基、路面。

单位：100m^2

指标编号				1Z-005		1Z-006		1Z-007		1Z-008	
项目			单位	沥青混凝土主干路（三幅）							
				六车道				每增减二车道			
				结构层厚度							
				62cm	占指标基价（%）	58cm	占指标基价（%）	62cm	占指标基价（%）	58cm	占指标基价（%）
指标基价			元	27075	100.00	22959	100.00	5074	100.00	4224	100.00
一、建筑安装工程费			元	22373	82.63	18966	82.61	4194	82.66	3489	82.60
二、设备购置费			元	—	—	—	—	—	—	—	—
三、工程建设其他费用			元	2685	9.92	2276	9.91	503	9.91	419	9.92
四、基本预备费			元	2017	7.45	1717	7.48	377	7.43	316	7.48
建筑安装工程费											
直接费	人工费	人工	工日	15	—	14	—	2	—	1	—
		措施费分摊	元	57	—	49	—	11	—	9	—
		人工费小计	元	520	1.92	482	2.10	60	1.18	51	1.21
	材料费	石灰、粉煤灰、土混合料	t	22.27	—	22.27	—	4.50	—	4.50	—
		石灰粉煤灰碎石	t	35.87	—	65.76	—	7.26	—	13.29	—
		水泥稳定碎石	t	39.23	—	—	—	7.94	—	—	—
		沥青混凝土（综合）	t	23.80	—	21.64	—	5.38	—	4.89	—
		其他材料费	元	2250	—	2233	—	378	—	374	—
		措施费分摊	元	624	—	529	—	117	—	97	—
		材料费小计	元	14113	52.13	11522	50.19	2671	52.64	2135	50.54
	机械费	履带式单斗挖土机 1.0m^3	台班	0.20	—	0.19	—	0.04	—	0.03	—
		自卸汽车 8t	台班	3.22	—	3.04	—	0.58	—	0.55	—
		压路机 12～15t	台班	0.92	—	0.90	—	0.18	—	0.18	—
		稳定土混合料摊铺机	台班	0.07	—	0.07	—	0.01	—	0.01	—
		压路机 8～10t	台班	0.40	—	0.38	—	0.09	—	0.09	—
		履带式沥青混凝土摊铺机	台班	0.27	—	0.26	—	0.06	—	0.06	—
		其他机械费	元	546	—	523	—	108	—	103	—
		措施费分摊	元	36	—	30	—	7	—	6	—
		机械费小计	元	3589	13.26	3443	15.00	685	13.50	656	15.53
	直接费小计		元	18222	67.30	15447	67.28	3416	67.32	2842	67.28
综合费用			元	4151	15.33	3519	15.33	778	15.33	647	15.32
合计			元	22373	—	18966	—	4194	—	3489	—

工程内容：土方、路基、路面、人行道及其他等。

单位：$100m^2$

指标编号			单位	1Z-009		1Z-010		1Z-011		1Z-012	
项目			单位	沥青混凝土次干路				沥青混凝土支路			
				结构层厚度							
				58cm	占指标基价（%）	52cm	占指标基价（%）	54cm	占指标基价（%）	42cm	占指标基价（%）
指标基价			元	25027	100.00	18970	100.00	26561	100.00	20964	100.00
一、建筑安装工程费			元	20677	82.62	15667	82.59	21940	82.60	17328	82.66
二、设备购置费			元	—	—	—	—	—	—	—	—
三、工程建设其他费用			元	2481	9.91	1880	9.91	2633	9.91	2079	9.92
四、基本预备费			元	1869	7.47	1423	7.50	1988	7.48	1557	7.43
建筑安装工程费											
直接费	人工费	人工	工日	14	—	11	—	16	—	11	—
		措施费分摊	元	53	—	40	—	56	—	44	—
		人工费小计	元	491	1.96	383	2.02	543	2.04	371	1.77
	材料费	石灰土	m^3	9.31	—	9.31	—	52.52	—	41.82	—
		石灰、粉煤灰、土混合料	t	22.45	—	22.45	—	—	—	—	—
		石灰粉煤灰碎石	t	66.31	—	30.14	—	30.84	—	37.01	—
		沥青混凝土（综合）	t	23.74	—	16.63	—	21.37	—	9.52	—
		水泥砖	m^2	31.04	—	31.04	—	67.99	—	67.99	—
		其他材料费	元	1657	—	1622	—	1541	—	1499	—
		措施费分摊	元	577	—	437	—	612	—	484	—
		材料费小计	元	12608	50.38	9172	48.35	13102	49.33	10303	49.15
	机械费	履带式单斗挖土机 $1.0m^3$	台班	0.20	—	0.18	—	0.23	—	0.20	—
		自卸汽车 8t	台班	3.29	—	3.01	—	3.83	—	3.24	—
		压路机 12～15t	台班	0.98	—	0.76	—	1.08	—	0.82	—
		稳定土混合料摊铺机	台班	0.08	—	0.06	—	0.10	—	0.08	—
		压路机 8～10t	台班	0.41	—	0.35	—	0.39	—	0.29	—
		履带式沥青混凝土摊铺机	台班	0.29	—	0.26	—	0.28	—	0.23	—
		其他机械费	元	568	—	496	—	614	—	500	—
		措施费分摊	元	33	—	25	—	35	—	28	—
		机械费小计	元	3742	14.95	3205	16.90	4224	15.90	3439	16.40
	直接费小计		元	16841	67.29	12760	67.26	17869	67.28	14113	67.32
综合费用			元	3836	15.33	2907	15.32	4071	15.33	3215	15.34
合计			元	20677	—	15667	—	21940	—	17328	—

1.2 水泥混凝土道路

工程内容：土方、路基、路面、人行道及其他等。

单位：$100m^2$

指标编号				1Z-013		1Z-014		1Z-015		1Z-016	
项目			单位	水泥混凝土快速路		水泥混凝土主干路		水泥混凝土次干路		水泥混凝土支路	
				结构层厚度							
				58cm	占指标基价（%）	54cm	占指标基价（%）	50cm	占指标基价（%）	38cm	占指标基价（%）
指标基价			元	26801	100.00	26621	100.00	26770	100.00	27622	100.00
一、建筑安装工程费			元	21690	80.93	21426	80.49	21525	80.41	22320	80.81
二、设备购置费			元	—	—	—	—	—	—	—	—
三、工程建设其他费用			元	2603	9.71	2571	9.66	2583	9.65	2678	9.70
四、基本预备费			元	2508	9.36	2624	9.86	2662	9.94	2624	9.50
建筑安装工程费											
直接费	人工费	人工	工日	20	—	21	—	22	—	24	—
		措施费分摊	元	56	—	55	—	55	—	57	—
		人工费小计	元	668	2.49	714	2.68	739	2.76	818	2.96
	材料费	石灰土	m^3	2.87	—	5.40	—	9.31	—	20.40	—
		石灰粉煤灰碎石	t	59.29	—	59.77	—	60.27	—	41.12	—
		抗折 5MPa 商品混凝土	m^3	24.87	—	22.21	—	20.30	—	18.27	—
		水泥砖	m^2	9.57	—	18.00	—	31.04	—	67.99	—
		其他材料费	元	2046	—	2678	—	2119	—	1999	—
		措施费分摊	元	605	—	598	—	601	—	623	—
		材料费小计	元	14569	54.36	14260	53.57	14190	53.01	14750	53.40
	机械费	自卸汽车 8t	台班	2.85	—	2.85	—	2.92	—	3.05	—
		压路机 12～15t	台班	0.34	—	0.37	—	0.41	—	0.37	—
		稳定土混合料摊铺机	台班	0.05	—	0.05	—	0.06	—	0.05	—
		其他机械费	元	432	—	442	—	468	—	473	—
		措施费分摊	元	35	—	34	—	35	—	36	—
		机械费小计	元	2429	9.06	2477	9.30	2602	9.72	2611	9.45
	直接费小计		元	17666	65.92	17451	65.55	17531	65.49	18179	65.81
综合费用			元	4024	15.01	3975	14.93	3994	14.92	4141	14.99
合计			元	21690	—	21426	—	21525	—	22320	—

1.3 上跨桥沥青混凝土立交道路

工程内容： 基础挖方、挡墙基础、挡墙、防撞护栏及栏杆、填芯、路基、路面。

单位：100m²

指标编号				1Z-017		1Z-018		1Z-019	
项目			单位	路宽 15m，挡土墙外露高度 3.5m					
				钢筋混凝土挡墙		预制钢筋混凝土挡墙		浆砌料石挡土墙	
				结构层厚度					
				58cm	占指标基价（%）	58cm	占指标基价（%）	58cm	占指标基价（%）
指标基价			元	82868	100.00	86135	100.00	71936	100.00
一、建筑安装工程费			元	46159	55.70	45680	53.03	34550	48.03
二、设备购置费			元	—	—	—	—	—	—
三、工程建设其他费用			元	5539	6.68	5482	6.36	4146	5.76
四、基本预备费			元	31170	37.61	34973	40.60	33240	46.21
建筑安装工程费									
直接费	人工费	人工	工日	75	—	45	—	60	—
		措施费分摊	元	118	—	117	—	89	—
		人工费小计	元	2452	2.96	1509	1.75	1968	2.74
	材料费	路基黄土	m³	229.95	—	229.89	—	229.84	—
		石灰、粉煤灰、土混合料	t	21.88	—	21.88	—	21.88	—
		石灰粉煤灰碎石	t	64.62	—	64.62	—	64.62	—
		沥青混凝土（综合）	t	23.74	—	23.74	—	23.74	—
		钢筋综合	t	1.84	—	0.79	—	0.79	—
		预制混凝土挡墙 H=3～4m	m³	—	—	13.52	—	—	—
		混凝土 C30	m³	18.46	—	4.74	—	4.74	—
		其他材料费	元	5625	—	4814	—	4312	—
		措施费分摊	元	1288	—	1275	—	964	—
		材料费小计	元	31315	37.79	31101	36.11	23068	32.07
	机械费	压路机 12～15t	台班	2.19	—	2.19	—	2.19	—
		稳定土混合料摊铺机	台班	0.07	—	0.07	—	0.07	—
		压路机 8～10t	台班	0.41	—	0.41	—	0.41	—
		履带式沥青混凝土摊铺机	台班	0.29	—	0.29	—	0.29	—
		汽车起重机 10t	台班	—	—	0.68	—	—	—
		汽车起重机 12t	台班	—	—	0.96	—	—	—
		载重汽车 8t	台班	—	—	1.00	—	—	—
		汽车起重机 5t	台班	2.39	—	0.74	—	0.82	—
		其他机械费	元	702	—	623	—	425	—
		措施费分摊	元	74	—	73	—	55	—
		机械费小计	元	3828	4.62	4595	5.33	3104	4.31
	直接费小计		元	37595	45.37	37205	43.19	28140	39.12
综合费用			元	8564	10.33	8475	9.84	6410	8.91
合计			元	46159	—	45680	—	34550	—

2　道路工程分项指标

说　　明

本章分项指标是以道路工程主要结构部分为依据编制的。按工程部位分为路基土石方工程、路基处理、道路基层、道路面层、人行道及其他、拆除路面、挡土墙、交通管理设施、道路绿化等。

一、工程量计算规则：

1. 挡土墙项目中的单位100延米，是指立交引路的长度。

2. 交通管理设施项目中标线的单位为100延米，是指道路长度；标志的单位为100m^2，是指道路路面面积。

二、相关说明：

1. 挖土方项目是按一二类土80%、三类土15%、四类土5%综合考虑的。

2. 挖石方项目是按次坚石30%、普坚石70%考虑的。

3. 沥青混凝土项目是按3cm细粒式、4cm中粒式、5cm粗粒式综合考虑的。

4. 树池项目是按石质块考虑的，实际材料不同时可以换算。

5. 挡土墙项目是按平均高度3m计算的，非立交道路的挡土墙高度不同时按比例调整。

2.1 路基土石方

工程内容： 1. 挖土、弃运。2. 机械打眼爆破石方、挖掘、弃运。3. 挖淤泥、弃运。

单位：$100m^3$

指标编号				1F-001		1F-002		1F-003		1F-004	
项目			单位	路基土石方							
				挖土方	占指标基价（%）	挖石方	占指标基价（%）	挖淤泥	占指标基价（%）	平衡土方	占指标基价（%）
指标基价			元	3443	100.00	7999	100.00	4899	100.00	1146	100.00
一、建筑安装工程费			元	3443	100.00	7999	100.00	4899	100.00	1146	100.00
二、设备购置费			元	—	—	—	—	—	—	—	—
建筑安装工程费											
直接费	人工费	人工	工日	1	—	18	—	8	—	1	—
		措施费分摊	元	9	—	21	—	13	—	3	—
		人工费小计	元	40	1.16	580	7.25	261	5.33	34	2.97
	材料费	水	m^3	—	—	—	—	—	—	1.50	—
		雷管	个	—	—	71.10	—	—	—	—	—
		硝胺炸药	kg	—	—	38.82	—	—	—	—	—
		合金钢钻头	个	—	—	2.70	—	—	—	—	—
		胶质导线 $2mm^2$	m	—	—	58.36	—	—	—	—	—
		其他材料费	元	—	—	81	—	—	—	—	—
		措施费分摊	元	96	—	223	—	137	—	32	—
		材料费小计	元	96	2.79	619	7.74	137	2.80	33	2.88
	机械费	抓铲挖掘机	台班	—	—	—	—	1.96	—	—	—
		压路机 12～15t	台班	—	—	—	—	—	—	0.82	
		内燃空气压缩机 $9m^3/min$	台班	—	—	2.49	—	—	—	—	—
		履带式单斗挖土机 $1.0m^3$	台班	0.28	—	0.52	—	—	—	0.25	
		自卸汽车 8t	台班	4.58	—	7.24	—	5.04	—	—	—
		履带式推土机 75kW	台班	0.25	—	—	—	—	—	0.31	—
		其他机械费	元	341	—	929	—	—	—	25	—
		措施费分摊	元	6	—	13	—	8	—	2	—
		机械费小计	元	2668	77.49	5316	66.46	3592	73.32	866	75.57
	直接费小计		元	2804	81.44	6515	81.45	3990	81.45	933	81.41
综合费用			元	639	18.56	1484	18.55	909	18.55	213	18.59
合计			元	3443	—	7999	—	4899	—	1146	—

工程内容：填方、压实。

单位：$100m^3$

指标编号				1F-005		1F-006		1F-007		1F-008	
项目			单位	路基土石方（填方）							
				黄土	占指标基价（%）	粉煤灰	占指标基价（%）	块石	占指标基价（%）	石灰：粉煤灰 15：85	占指标基价（%）
指标基价			元	4625	100.00	9427	100.00	13803	100.00	14915	100.00
一、建筑安装工程费			元	4625	100.00	9427	100.00	13803	100.00	14915	100.00
二、设备购置费			元	—	—	—	—	—	—	—	—
建筑安装工程费											
直接费	人工费	人工	工日	1	—	19	—	72	—	72	—
		措施费分摊	元	12	—	24	—	35	—	38	—
	人工费小计		元	43	0.93	614	6.51	2271	16.45	2274	15.25
	材料费	块石、片石	m^3	—	—	—	—	132.60	—	—	—
		路基黄土	m^3	157.50	—	—	—	—	—	—	—
		道路粉煤灰	t	—	—	145.86	—	—	—	121.58	—
		生石灰	t	—	—	—	—	—	—	21.87	—
		其他材料费	元	15	—	33	—	807	—	10	—
		措施费分摊	元	129	—	263	—	385	—	416	—
	材料费小计		元	3136	67.81	6860	72.77	8218	59.54	9112	61.09
	机械费	振动压路机综合	台班	—	—	0.33	—	—	—	0.15	—
		压路机 12～15t	台班	0.90	—	—	—	1.11	—	—	—
		拖拉机 54马力	台班	—	—	—	—	—	—	0.44	—
		轮胎式装载机 $1m^3$	台班	—	—	—	—	—	—	0.36	—
		履带式推土机 60kW	台班	—	—	—	—	—	—	0.96	—
		其他机械费	元	49	—	—	—	72	—	88	—
		措施费分摊	元	7	—	15	—	22	—	24	—
	机械费小计		元	588	12.71	204	2.16	753	5.46	762	5.11
	直接费小计		元	3767	81.45	7678	81.45	11242	81.45	12148	81.45
综合费用			元	858	18.55	1749	18.55	2561	18.55	2767	18.55
合计			元	4625	—	9427	—	13803	—	14915	—

工程内容： 填方、压实。

单位：$100m^3$

指标编号				1F-009		1F-010		1F-011	
项目			单位	路基土石方（填方）					
				砂	占指标基价（%）	砂砾	占指标基价（%）	山皮土	占指标基价（%）
指标基价			元	7461	100.00	10407	100.00	8829	100.00
一、建筑安装工程费			元	7461	100.00	10407	100.00	8829	100.00
二、设备购置费			元	—	—	—	—	—	—
建筑安装工程费									
直接费	人工费	人工	工日	9	—	14	—	8	—
		措施费分摊	元	19	—	27	—	23	—
		人工费小计	元	299	4.01	462	4.44	271	3.07
	材料费	天然砂砾	m^3	—	—	122.40	—	—	—
		山皮石	m^3	—	—	—	—	132.60	—
		中砂	m^3	112.20	—	—	—	—	—
		其他材料费	元	24	—	33	—	27	—
		措施费分摊	元	208	—	290	—	246	—
		材料费小计	元	5086	68.17	6988	67.15	5710	64.67
	机械费	压路机 12～15t	台班	0.41	—	1.00	—	1.05	—
		压路机 8～10t	台班	0.36	—	0.14	—	0.16	—
		平地机 90HP	台班	0.56	—	0.75	—	1.06	—
		其他机械费	元	—	—	68	—	79	—
		措施费分摊	元	12	—	17	—	14	—
		机械费小计	元	692	9.27	1026	9.86	1210	13.70
	直接费小计		元	6077	81.45	8476	81.45	7191	81.45
综合费用			元	1384	18.55	1931	18.55	1638	18.55
合计			元	7461	—	10407	—	8829	—

2.2 路基处理

工程内容：消解石灰、掺料、推拌、碾压。

单位：$100m^2$

指标编号				1F-012		1F-013	
项目			单位	软土基灰土处理（含灰量8%）			
				20cm	占指标基价（%）	增减1cm	占指标基价（%）
指标基价			元	1310	100.00	47	100.00
一、建筑安装工程费			元	1310	100.00	47	100.00
二、设备购置费			元	—	—	—	—
建筑安装工程费							
直接费	人工费	人工	工日	4	—	—	—
		措施费分摊	元	3	—	—	—
		人工费小计	元	127	9.69	—	—
	材料费	黄土	m^3	27.50	—	1.38	—
		生石灰	t	2.72	—	0.14	—
		其他材料费	元	3	—	—	—
		措施费分摊	元	37	—	1	—
		材料费小计	元	440	33.59	21	44.68
	机械费	压路机 12～15t	台班	0.37	—	—	—
		履带式推土机 60kW	台班	0.53	—	0.04	—
		其他机械费	元	68	—	—	—
		措施费分摊	元	2	—	—	—
		机械费小计	元	500	38.17	17	36.17
	直接费小计		元	1067	81.45	38	80.85
综合费用			元	243	18.55	9	19.15
合计			元	1310	—	47	—

工程内容：1. 碎石桩：安拆冲振器、振冲、填碎石、疏导泥浆、清理工作面。2. 深层搅拌桩：准备机具、钻孔、搅拌并注入水泥浆。3. 旋喷桩：钻孔、插管、喷浆、冲洗喷管、移动设备。4. CFG 桩：机具准备、钻孔、固壁、浇筑水泥粉煤灰碎石料。

单位：100 m^3

指标编号				1F-014		1F-015		1F-016		1F-017	
项目			单位	软土地基深处理							
				碎石桩	占指标基价(%)	深层搅拌桩	占指标基价(%)	旋喷桩	占指标基价(%)	CFG 桩	占指标基价(%)
指标基价			元	30426	100.00	19035	100.00	44831	100.00	89415	100.00
一、建筑安装工程费			元	30426	100.00	19035	100.00	44831	100.00	89415	100.00
二、设备购置费			元	—	—	—	—	—	—	—	—
建筑安装工程费											
直接费	人工费	人工	工日	165	—	66	—	77	—	650	—
		措施费分摊	元	78	—	49	—	115	—	229	—
		人工费小计	元	5203	17.10	2099	11.03	2507	5.59	20418	22.84
	材料费	水泥 32.5	t	—	—	29.60		77.86	—	—	—
		碎石、块石	m^3	237.81	—	—	—	—	—	—	—
		水泥粉煤灰碎石混凝土 C20	m^3	—	—	—	—	—	—	137.58	—
		其他材料费	元	118	—	269	—	128	—	565	—
		措施费分摊	元	849	—	531	—	1251	—	2495	—
		材料费小计	元	14712	48.35	10568	55.52	27073	60.39	40270	45.04
	机械费	空压机综合	台班	—	—	—	—	10.27	—	—	—
		履带式起重机 15t	台班	5.91	—	—	—	—	—	—	—
		振冲器 30kW	台班	5.91	—	—	—	—	—	—	—
		工程钻机 D500	台班	—	—	5.50	—	—	—	29.98	—
		灰浆输送泵	台班	—	—	5.50	—	—	—	20.99	—
		离心水泵 ϕ100	台班	—	—	5.50	—	10.27	—	16.27	—
		旋喷桩机 D600～800	台班	—	—	—	—	10.27	—	—	—
		泥浆泵 ϕ100	台班	—	—	—	—	10.27	—	—	—
		其他机械费	元	—	—	280	—	1240	—	1108	—
		措施费分摊	元	49	—	31	—	72	—	143	—
		机械费小计	元	4866	15.99	2836	14.90	6933	15.46	12137	13.57
	直接费小计		元	24781	81.45	15503	81.44	36513	81.45	72825	81.45
综合费用			元	5645	18.55	3532	18.56	8318	18.55	16590	18.55
合计			元	30426	—	19035	—	44831	—	89415	—

工程内容： 1. 清理整平路基、挖填锚固沟、铺设土工布、缝合及锚固土工布。2. 清理整平路基、铺设土工隔栅、固定土工隔栅。

单位：100 m^2

指标编号				1F-018		1F-019	
项目			单位	软土地基处理			
				土工布	占指标基价（%）	土工隔栅	占指标基价（%）
指标基价			元	603	100.00	1087	100.00
一、建筑安装工程费			元	603	100.00	1087	100.00
二、设备购置费			元	—	—	—	—
建筑安装工程费							
直接费	人工费	人工	工日	6	—	5	—
		措施费分摊	元	2	—	3	—
		人工费小计	元	188	31.18	158	14.54
	材料费	土工隔栅	m^2	—	—	111.52	—
		土工布	m^2	111.52	—	—	—
		其他材料费	元	6	—	26	—
		措施费分摊	元	17	—	30	—
		材料费小计	元	302	50.08	725	66.70
	机械费	措施费分摊	元	1	—	2	—
		机械费小计	元	1	0.17	2	0.18
	直接费小计		元	491	81.43	885	81.42
综合费用			元	112	18.57	202	18.58
合计			元	603	—	1087	—

工程内容：1. 定位、穿塑料排水板、安装桩靴、打拔钢管、剪断排水板、起重机、桩机移位。2. 放样、挖土、运料、填充夯实、弃土外运。

单位：100m

指标编号				1F-020		1F-021	
项目			单位	路基处理			
				塑料排水板	占指标基价（%）	盲沟	占指标基价（%）
指标基价			元	614	100.00	7868	100.00
一、建筑安装工程费			元	614	100.00	7868	100.00
二、设备购置费			元	—	—	—	—
建筑安装工程费							
直接费	人工费	人工	工日	1	—	61	—
		措施费分摊	元	2	—	20	—
		人工费小计	元	33	5.37	1915	24.34
	材料费	无砂管 ϕ400	m	—	—	105.30	—
		塑料排水板	m	107.10	—	—	—
		其他材料费	元	1	—	21	—
		措施费分摊	元	17	—	220	—
		材料费小计	元	276	44.95	4480	56.94
	机械费	履带式起重机 15t	台班	0.28	—	—	—
		其他机械费	元	38	—	—	—
		措施费分摊	元	1	—	13	—
		机械费小计	元	191	31.11	13	0.17
	直接费小计		元	500	81.43	6408	81.44
综合费用			元	114	18.57	1460	18.56
合计			元	614	—	7868	—

2.3 道路基层

工程内容：1. 放样、清理路床、取（运）料、上料、摊铺、灌缝、找平、碾压。2. 放样、取（运）料、摊铺、洒水、找平、碾压。

单位：100 m^2

指标编号			单位	1F-022		1F-023		1F-024		1F-025	
项目				碎石垫层				砂垫层			
				15cm	占指标基价（%）	增减 5cm	占指标基价（%）	15cm	占指标基价（%）	增减 1cm	占指标基价（%）
指标基价			元	1935	100.00	532	100.00	1190	100.00	66	100.00
一、建筑安装工程费			元	1935	100.00	532	100.00	1190	100.00	66	100.00
二、设备购置费			元	—	—	—	—	—	—	—	—
建筑安装工程费											
直接费	人工费	人工	工日	4	—	1	—	2	—	—	—
		措施费分摊	元	5	—	1	—	3	—	—	—
		人工费小计	元	129	6.67	32	6.02	65	5.46	—	—
	材料费	中砂	m^3	—	—	—	—	16.83	—	1.12	—
		碎石、块石	m^3	19.89	—	6.63	—	—	—	—	—
		其他材料费	元	6	—	2	—	5	—	1	—
		措施费分摊	元	54	—	15	—	33	—	2	—
		材料费小计	元	1209	62.48	400	75.19	766	64.37	51	77.27
	机械费	压路机 12～15t	台班	0.22	—	—	—	0.09	—	—	—
		压路机 8～10t	台班	0.04	—	—	—	0.08	—	—	—
		平地机 90HP	台班	0.18	—	—	—	0.09	—	0.01	—
		其他机械费	元	20	—	—	—	—	—	—	—
		措施费分摊	元	3	—	1	—	2	—	—	—
		机械费小计	元	238	12.30	1	0.19	138	11.60	3	4.55
	直接费小计		元	1576	81.45	433	81.39	969	81.43	54	81.82
综合费用			元	359	18.55	99	18.61	221	18.57	12	18.18
合计			元	1935	—	532	—	1190	—	66	—

工程内容：机械摊铺混合料、整形、碾压、初期养护。

单位：100m^2

指标编号				1F-026		1F-027		1F-028		1F-029	
项目			单位	石灰土				石灰、粉煤灰、土			
				15cm	占指标基价（%）	增减1cm	占指标基价（%）	15cm	占指标基价（%）	增减1cm	占指标基价（%）
指标基价			元	1270	100.00	63	100.00	1648	100.00	87	100.00
一、建筑安装工程费			元	1270	100.00	63	100.00	1648	100.00	87	100.00
二、设备购置费			元	—	—	—	—	—	—	—	—
建筑安装工程费											
直接费	人工费	人工	工日	—	—	—	—	—	—	—	—
		措施费分摊	元	3	—	—	—	4	—	—	—
		人工费小计	元	3	0.24	—	—	4	0.24	—	—
	材料费	石灰、粉煤灰、土混合料	t	—	—	—	—	21.88	—	1.46	—
		石灰土	m^3	15.30	—	1.02	—	—	—	—	—
		其他材料费	元	5	—	—	—	6	—	—	—
		措施费分摊	元	35	—	2	—	46	—	2	—
		材料费小计	元	774	60.94	51	80.95	1080	65.53	71	81.61
	机械费	压路机 12～15t	台班	0.15	—	—	—	0.15	—	—	—
		稳定土混合料摊铺机 12.5m 以内	台班	0.02	—	—	—	0.02	—	—	—
		其他机械费	元	20	—	—	—	20	—	—	—
		措施费分摊	元	2	—	—	—	3	—	—	—
		机械费小计	元	257	20.24	—	—	258	15.66	—	—
	直接费小计		元	1034	81.42	51	80.95	1342	81.43	71	81.61
综合费用			元	236	18.58	12	19.05	306	18.57	16	18.39
合计			元	1270	—	63	—	1648	—	87	—

工程内容：机械摊铺混合料、整形、碾压、初期养护。

单位：$100m^2$

指标编号				1F-030		1F-031		1F-032		1F-033	
项目			单位	石灰粉煤灰碎石				石灰粉煤灰砂砾			
				20cm	占指标基价(%)	增减1cm	占指标基价(%)	20cm	占指标基价(%)	增减1cm	占指标基价(%)
指标基价			元	2842	100.00	124	100.00	2515	100.00	109	100.00
一、建筑安装工程费			元	2842	100.00	124	100.00	2515	100.00	109	100.00
二、设备购置费			元	—	—	—	—	—	—	—	—
建筑安装工程费											
直接费	人工费	人工	工日	—	—	—	—	—	—	—	—
		措施费分摊	元	7	—	—	—	6	—	—	—
		人工费小计	元	7	0.25	—	—	6	0.24	—	—
	材料费	石灰粉煤灰碎石	t	39.17	—	1.96	—	—	—	—	—
		石灰粉煤灰砂砾	t	—	—	—	—	39.17	—	1.96	—
		其他材料费	元	11	—	—	—	10	—	—	—
		措施费分摊	元	79	—	3	—	70	—	3	—
		材料费小计	元	2048	72.06	101	81.45	1783	70.89	89	81.65
	机械费	压路机 12～15t	台班	0.15	—	—	—	0.15	—	—	—
		稳定土混合料摊铺机 12.5m 以内	台班	0.02	—	—	—	0.02	—	—	—
		其他机械费	元	20	—	—	—	20	—	—	—
		措施费分摊	元	5	—	—	—	4	—	—	—
		机械费小计	元	260	9.15	—	—	259	10.30	—	—
	直接费小计		元	2315	81.46	101	81.45	2048	81.43	89	81.65
综合费用			元	527	18.54	23	18.55	467	18.57	20	18.35
合　计			元	2842	—	124	—	2515	—	109	—

工程内容：机械摊铺混合料、整形、碾压、初期养护。

单位：$100m^2$

指标编号				1F-034		1F-035		1F-036		1F-037	
项目			单位	水泥稳定碎石				水泥稳定土			
				20cm	占指标基价(%)	增减1cm	占指标基价(%)	20cm	占指标基价(%)	增减1cm	占指标基价(%)
指标基价			元	5278	100.00	248	100.00	2619	100.00	114	100.00
一、建筑安装工程费			元	5278	100.00	248	100.00	2619	100.00	114	100.00
二、设备购置费			元	—	—	—	—	—	—	—	—
建筑安装工程费											
直接费	人工费	人工	工日	—	—	—	—	—	—	—	—
		措施费分摊	元	14	—	1	—	7	—	—	—
		人工费小计	元	14	0.27	1	0.40	7	0.27	—	—
	材料费	水泥稳定碎石	t	42.84	—	2.14	—	—	—	—	—
		水泥稳定土	t	—	—	—	—	35.70	—	1.78	—
		其他材料费	元	20	—	1	—	10	—	—	—
		措施费分摊	元	147	—	7	—	73	—	3	—
		材料费小计	元	4022	76.20	201	81.05	1867	71.29	93	81.58
	机械费	压路机 12 ~ 15t	台班	0.15	—	—	—	0.15	—	—	—
		稳定土混合料摊铺机 12.5m 以内	台班	0.02	—	—	—	0.02	—	—	—
		其他机械费	元	20	—	—	—	20	—	—	—
		措施费分摊	元	8	—	—	—	4	—	—	—
		机械费小计	元	263	4.98	—	—	259	9.89	—	—
	直接费小计		元	4299	81.45	202	81.45	2133	81.44	93	81.58
综合费用			元	979	18.55	46	18.55	486	18.56	21	18.42
合计			元	5278	—	248	—	2619	—	114	—

工程内容：机械摊铺混合料、整形、碾压、初期养护。

单位：100m²

指标编号				1F-038		1F-039		1F-040		1F-041	
项目			单位	水泥稳定砂砾				山皮石			
				15cm	占指标基价(%)	增减1cm	占指标基价(%)	15cm	占指标基价(%)	增减5cm	占指标基价(%)
指标基价			元	4001	100.00	246	100.00	1314	100.00	351	100.00
一、建筑安装工程费			元	4001	100.00	246	100.00	1314	100.00	351	100.00
二、设备购置费			元	—	—	—	—	—	—	—	—
建筑安装工程费											
直接费	人工费	人工	工日	—	—	—	—	—	—	—	—
		措施费分摊	元	10	—	1	—	3	—	1	—
		人工费小计	元	10	0.25	1	0.41	34	2.59	1	0.28
	材料费	水泥稳定砂砾	t	33.66	—	2.24	—	—	—	—	—
		山皮石	m²	—	—	—	—	19.89	—	6.63	—
		其他材料费	元	15	—	1	—	5	—	1	—
		措施费分摊	元	112	—	7	—	37	—	10	—
		材料费小计	元	2988	74.68	199	80.89	858	65.30	284	80.91
	机械费	压路机 12～15t	台班	0.15	—	—	—	0.16	—	—	—
		平地机 90HP	台班	—	—	—	—	0.15	—	—	—
		稳定土混合料摊铺机 12.5m 以内	台班	0.02	—	—	—	—	—	—	—
		其他机械费	元	20	—	—	—	13	—	—	—
		措施费分摊	元	6	—	—	—	2	—	1	—
		机械费小计	元	261	6.52	—	—	178	13.55	1	0.28
	直接费小计		元	3259	81.45	200	81.30	1070	81.43	286	81.48
综合费用			元	742	18.55	46	18.70	244	18.57	65	18.52
合计			元	4001	—	246	—	1314	—	351	—

工程内容：运水、洒水养护。

单位：$100m^2$

指标编号				1F-042	
项目			单位	顶层多合土养生	
					占指标基价（%）
指标基价			元	21	100.00
一、建筑安装工程费			元	21	100.00
二、设备购置费			元	—	—
建筑安装工程费					
直接费	人工费	人工	工日	—	—
		措施费分摊	元	—	—
		人工费小计	元	—	—
	材料费	水	m^3	1.47	—
		措施费分摊	元	1	—
		材料费小计	元	2	9.52
	机械费	洒水车 4000L	台班	0.04	—
		措施费分摊	元	—	—
		机械费小计	元	15	71.43
	直接费小计		元	17	80.95
综合费用			元	4	19.05
合　计			元	21	—

2.4 道 路 面 层

工程内容：洒油、摊铺、碾压。

单位：100m²

指标编号			单位	1F-043		1F-044		1F-045		1F-046	
项目				沥青混凝土				改性沥青混凝土			
				12cm	占指标基价（%）	增减1cm	占指标基价（%）	4cm	占指标基价（%）	增减0.5cm	占指标基价（%）
指标基价			元	9913	100.00	713	100.00	5311	100.00	670	100.00
一、建筑安装工程费			元	9913	100.00	713	100.00	5311	100.00	670	100.00
二、设备购置费			元	—	—	—	—	—	—	—	—
建筑安装工程费											
直接费	人工费	人工	工日	8	—	1	—	3	—	—	—
		措施费分摊	元	25	—	2	—	14	—	2	—
		人工费小计	元	273	2.75	33	4.63	107	2.01	2	0.30
	材料费	沥青混凝土（综合）	t	28.48	—	2.37	—	—	—	—	—
		改性沥青混凝土	t	—	—	—	—	10.26	—	1.28	—
		其他材料费	元	780	—	8	—	45	—	7	—
		措施费分摊	元	277	—	20	—	148	—	19	—
		材料费小计	元	6881	69.41	513	71.95	3841	72.32	481	71.79
	机械费	压路机 12～15t	台班	0.45	—	0.02	—	0.22	—	0.04	—
		压路机 8～10t	台班	0.45	—	0.02	—	0.22	—	0.04	—
		履带式沥青混凝土摊铺机	台班	0.31	—	0.01	—	0.11	—	0.02	—
		其他机械费	元	21	—	—	—	—	—	—	—
		措施费分摊	元	16	—	1	—	9	—	1	—
		机械费小计	元	920	9.28	35	4.91	378	7.12	63	9.40
	直接费小计		元	8074	81.45	581	81.49	4326	81.45	546	81.49
综合费用			元	1839	18.55	132	18.51	985	18.55	124	18.51
合计			元	9913	—	713	—	5311	—	670	—

工程内容：钢筋制作安装、支拆模板、混凝土浇筑、抹平、切缝、灌缝、养护、清理场地。

单位：100m²

指标编号				1F-047		1F-048	
项目			单位	水泥混凝土			
				24cm	占指标基价（%）	增减 1cm	占指标基价（%）
指标基价			元	13602	100.00	475	100.00
一、建筑安装工程费			元	13602	100.00	475	100.00
二、设备购置费			元	—	—	—	—
建筑安装工程费							
直接费	人工费	人工	工日	14	—	—	—
		措施费分摊	元	35	—	1	—
		人工费小计	元	470	3.46	1	0.21
	材料费	抗折 5MPa 商品混凝土	m^3	24.36	—	1.01	—
		其他材料费	元	1261	—	7	—
		措施费分摊	元	380	—	13	—
		材料费小计	元	10410	76.53	385	81.05
	机械费	混凝土路面刻槽机	台班	0.61	—	—	—
		混凝土振动梁	台班	0.73	—	—	—
		混凝土磨光机	台班	0.73	—	—	—
		混凝土锯缝机	台班	0.15	—	—	—
		混凝土振捣器插入式	台班	1.76	—	—	—
		其他机械费	元	33	—	—	—
		措施费分摊	元	22	—	1	—
		机械费小计	元	198	1.46	1	0.21
	直接费小计		元	11078	81.44	387	81.47
综合费用			元	2524	18.56	88	18.53
合计			元	13602	—	475	—

2.5 人行道及其他

工程内容：1. 放样、运料、配料拌和、安砌、灌缝、扫缝。2. 放样、浇筑混凝土、抹平、养护、清理现场。

单位：100m²

指标编号				1F-049		1F-050		1F-051		1F-052	
				人行道面层							
项目			单位	水泥花砖	占指标基价（%）	透水砖	占指标基价（%）	石材	占指标基价（%）	现浇混凝土	占指标基价（%）
指标基价			元	5008	100.00	6499	100.00	10641	100.00	2814	100.00
一、建筑安装工程费			元	5008	100.00	6499	100.00	10641	100.00	2814	100.00
二、设备购置费			元	—	—	—	—	—	—	—	—
建筑安装工程费											
直接费	人工费	人工	工日	3	—	3	—	3	—	2	—
		措施费分摊	元	13	—	17	—	27	—	7	—
		人工费小计	元	106	2.12	110	1.69	120	1.13	69	2.45
	材料费	石质花砖	m²	—	—	—	—	102.00	—	—	—
		水泥砖	m²	102.00	—	—	—	—	—	—	—
		透水砖	m²	—	—	105.00	—	—	—	—	—
		商品混凝土 C25	m³	—	—	—	—	—	—	6.60	—
		其他材料费	元	51	—	57	—	73	—	111	—
		措施费分摊	元	140	—	181	—	297	—	79	—
		材料费小计	元	3965	79.17	5173	79.60	8530	80.16	2217	78.78
	机械费	混凝土振捣器（平板式）	台班	—	—	—	—	—	—	0.24	—
		措施费分摊	元	8	—	10	—	17	—	5	—
		机械费小计	元	8	0.16	10	0.15	17	0.16	6	0.21
	直接费小计		元	4079	81.45	5293	81.44	8667	81.45	2292	81.45
综合费用			元	929	18.55	1206	18.56	1974	18.55	522	18.55
合计			元	5008	—	6499	—	10641	—	2814	—

工程内容：放样、开槽、运料、安砌、勾缝、养护、清理。

单位：100m^2

指标编号				1F-053		1F-054		1F-055		1F-056	
项目			单位	缘石		侧石		侧平石		树池	
					占指标基价（%）		占指标基价（%）		占指标基价（%）		占指标基价（%）
指标基价			元	2215	100.00	3612	100.00	8025	100.00	12780	100.00
一、建筑安装工程费			元	2215	100.00	3612	100.00	8025	100.00	12780	100.00
二、设备购置费			元	—	—	—	—	—	—	—	—
建筑安装工程费											
直接费	人工费	人工	工日	6	—	11	—	26	—	8	—
		措施费分摊	元	6	—	9	—	21	—	33	—
		人工费小计	元	192	8.67	351	9.72	829	10.33	281	2.20
	材料费	混凝土分离型侧平石（立缘石）	m	—	—	—	—	101.50	—	—	—
		石质块	m	—	—	—	—	—	—	162.40	—
		缘石乙 3　10×20×49.5	m	—	—	101.50	—	—	—	—	—
		缘石乙 2　8/10×30	m	101.50	—	—	—	—	—	—	—
		其他材料费	元	42	—	133	—	198	—	7	—
		措施费分摊	元	62	—	101	—	224	—	357	—
		材料费小计	元	1608	72.60	2585	71.57	5694	70.95	10108	79.09
	机械费	措施费分摊	元	4	—	6	—	13	—	20	—
		机械费小计	元	4	0.18	6	0.17	13	0.16	20	0.16
	直接费小计		元	1804	81.44	2942	81.45	6536	81.45	10409	81.45
综合费用			元	411	18.56	670	18.55	1489	18.55	2371	18.55
合　计			元	2215	—	3612	—	8025	—	12780	—

工程内容：收水井、埋设支管。

单位：100m²

指标编号				1F-057	
项目			单位	路面暗管排水	
					占指标基价（%）
指标基价			元	400	100.00
一、建筑安装工程费			元	400	100.00
二、设备购置费			元	—	—
建筑安装工程费					
直接费	人工费	人工	工日	5	—
		措施费分摊	元	1	—
		人工费小计	元	156	39.00
	材料费	钢筋混凝土管 ϕ300	m	3.03	—
		铸铁平箅	套	0.30	—
		商品混凝土 C15	m^3	0.24	—
		其他材料费	元	30	—
		措施费分摊	元	11	—
		材料费小计	元	163	40.75
	机械费	滚筒式混凝土搅拌机电动出土量 400L	台班	0.03	—
		机动翻斗车 1t	台班	0.02	—
		措施费分摊	元	1	—
		机械费小计	元	7	1.75
	直接费小计		元	326	81.50
综合费用			元	74	18.50
合　计			元	400	—

2.6 拆除路面

工程内容：翻挖、弃运、清理。

单位：100m²

指标编号				1F-058		1F-059		1F-060	
项目			单位	拆除旧路					
				沥青混凝土路面		水泥混凝土路面		人行道	
				60cm	占指标基价（%）	60cm	占指标基价（%）	40cm	占指标基价（%）
指标基价			元	3717	100.00	7919	100.00	3185	100.00
一、建筑安装工程费			元	3717	100.00	7919	100.00	3185	100.00
二、设备购置费			元	—	—	—	—	—	—
建筑安装工程费									
直接费	人工费	人工	工日	2	—	5	—	32	—
		措施费分摊	元	10	—	20	—	8	—
		人工费小计	元	72	1.94	175	2.21	1002	31.46
	材料费	措施费分摊	元	104	—	221	—	89	—
		材料费小计	元	104	2.80	221	2.79	89	2.79
	机械费	履带式单斗挖土机 $1.0m^3$	台班	—	—	2.82	—	—	—
		自卸汽车 8t	台班	—	—	6.51	—	—	—
		履带式推土机 135kW	台班	0.40	—	—	—	—	—
		自卸车 4t	台班	6.19	—	—	—	4.13	—
		其他机械费	元	399	—	692	—	72	—
		措施费分摊	元	6	—	13	—	5	—
		机械费小计	元	2851	76.70	6054	76.45	1503	47.19
	直接费小计		元	3027	81.44	6450	81.45	2594	81.44
综合费用			元	690	18.56	1469	18.55	591	18.56
合计			元	3717	—	7919	—	3185	—

2.7 挡土墙工程

工程内容：铺筑碎石、浇筑混凝土、养护。

单位：100m

指标编号				1F-061	
项目			单位	挡土墙基础	
				混凝土	占指标基价（%）
指标基价			元	30763	100.00
一、建筑安装工程费			元	30763	100.00
二、设备购置费			元	—	—
建筑安装工程费					
直接费	人工费	人工	工日	63	—
		措施费分摊	元	79	—
		人工费小计	元	2036	6.62
	材料费	商品混凝土 C25	m^3	40.60	—
		商品混凝土 C10	m^3	20.30	—
		其他材料费	元	4284	—
		措施费分摊	元	859	—
		材料费小计	元	22940	74.57
	机械费	电动卷扬机 单筒慢速 5t	台班	0.12	—
		其他机械费	元	21	—
		措施费分摊	元	49	—
		机械费小计	元	79	0.26
	直接费小计		元	25055	81.45
综合费用			元	5708	18.55
合计			元	30763	—

工程内容：钢筋制作安装、支拆模板、脚手、浇筑混凝土、捣固、养生。

单位：100m

指标编号				1F-062	
项目			单位	挡土墙	
				现浇钢筋混凝土	占指标基价（%）
指标基价			元	211539	100.00
一、建筑安装工程费			元	211539	100.00
二、设备购置费			元	—	—
建筑安装工程费					
直接费	人工费	人工	工日	584	—
		措施费分摊	元	543	—
		人工费小计	元	18682	8.83
	材料费	商品混凝土 C30	m^3	206.04	—
		钢筋综合	t	15.85	—
		组合钢模板	kg	481.85	—
		其他材料费	元	14739	—
		措施费分摊	元	5904	—
		材料费小计	元	142089	67.17
	机械费	交流电焊机 32kV·A	台班	9.11	—
		其他机械费	元	642	—
		措施费分摊	元	339	—
		机械费小计	元	11520	5.45
	直接费小计		元	172291	81.45
综合费用			元	39248	18.55
合计			元	211539	—

工程内容：1. 放样、起吊、就位、调整、勾缝等。2. 放样、支拆脚手、配制砂浆、砌筑、湿治养生。

单位：100m

指标编号				1F-063		1F-064	
项目			单位	挡土墙			
				装配式钢筋混凝土	占指标基价（%）	浆砌块石	占指标基价（%）
指标基价			元	196579	100.00	28554	100.00
一、建筑安装工程费			元	196579	100.00	28554	100.00
二、设备购置费			元	—	—	—	—
建筑安装工程费							
直接费	人工费	人工	工日	129	—	364	—
		措施费分摊	元	504	—	73	—
		人工费小计	元	4511	2.29	11379	39.85
	材料费	细料石	m^3	—	—	186.56	—
		水泥砂浆 M10	m^3	—	—	18.68	—
		预制混凝土挡墙 H=3～4m	m^3	203.00	—	—	—
		其他材料费	元	3252	—	865	—
		措施费分摊	元	5486	—	797	—
		材料费小计	元	132568	67.74	11228	39.32
	机械费	灰浆搅拌机 200L	台班	—	—	2.46	—
		汽车起重机 5t	台班	—	—	1.19	—
		汽车起重机 10t	台班	10.27	—	—	—
		汽车起重机 12t	台班	14.45	—	—	—
		载重汽车 8t	台班	14.96	—	—	—
		措施费分摊	元	315	—	46	—
		机械费小计	元	23028	11.71	649	2.27
	直接费小计		元	160107	81.45	23256	81.45
综合费用			元	36472	18.55	5298	18.55
合计			元	196579	—	28554	—

工程内容：钢筋制作安装、模板支拆、混凝土浇筑、振捣、养生、护栏制作安装。

单位：100m

指标编号				1F-065		1F-066	
项目			单位	防撞护栏及栏杆		不锈钢装饰栏杆	
					占指标基价（%）		占指标基价（%）
指标基价			元	133462	100.00	60601	100.00
一、建筑安装工程费			元	133462	100.00	60601	100.00
二、设备购置费			元	—	—	—	—
建筑安装工程费							
直接费	人工费	人工	工日	367	—	36	—
		措施费分摊	元	342	—	156	—
		人工费小计	元	11741	8.80	1274	2.10
	材料费	铸钢件	kg	2284.35	—	—	—
		商品混凝土 C30	m^3	71.05	—	—	—
		钢筋综合	t	11.46	—	—	—
		不锈钢扶手 $\phi75$	m	—	—	105.00	—
		不锈钢立柱 $\phi20$	m	—	—	700.00	—
		不锈钢栏杆 $\phi50$	m	—	—	106.00	—
		其他材料费	元	12989	—	2599	—
		措施费分摊	元	3725	—	1691	—
		材料费小计	元	91552	68.60	47459	78.31
	机械费	汽车起重机 5t	台班	11.11	—	—	—
		机具费	元	51	—	527	—
		其他机械费	元	721	—	—	—
		措施费分摊	元	214	—	97	—
		机械费小计	元	5407	4.05	624	1.03
	直接费小计		元	108700	81.45	49357	81.45
综合费用			元	24762	18.55	11244	18.55
合　计			元	133462	—	60601	—

2.8　交通管理设施

工程内容：划线、铺设标线。

单位：100m

指标编号				1F-067		1F-068		1F-069		1F-070	
项　目			单位	标线							
				快速路				主干路			
				八车道	占指标基价(%)	增减二车道	占指标基价(%)	四车道	占指标基价(%)	增减二车道	占指标基价(%)
指标基价			元	109975	100.00	21995	100.00	27520	100.00	9174	100.00
一、建筑安装工程费			元	109975	100.00	21995	100.00	27520	100.00	9174	100.00
二、设备购置费			元	—	—	—	—	—	—	—	—
建筑安装工程费											
直接费	人工费	人工	工日	425	—	85	—	106	—	35	—
		措施费分摊	元	282	—	56	—	71	—	24	—
		人工费小计	元	13481	12.26	2696	12.26	3374	12.26	1125	12.26
	材料费	标线	m^2	976.64	—	195.33	—	244.39	—	81.46	—
		措施费分摊	元	3069	—	614	—	768	—	256	—
		材料费小计	元	47692	43.37	9539	43.37	11934	43.36	3978	43.36
	机械费	机械费	元	28222	—	5644	—	7062	—	2354	—
		措施费分摊	元	176	—	35	—	44	—	15	—
		机械费小计	元	28398	25.82	5679	25.82	7106	25.82	2369	25.82
	直接费小计		元	89571	81.45	17914	81.45	22414	81.45	7472	81.45
综合费用			元	20404	18.55	4081	18.55	5106	18.55	1702	18.55
合　计			元	109975	—	21995	—	27520	—	9174	—

工程内容：划线、铺设标线。

单位：100m

指 标 编 号				1F-071		1F-072	
项 目			单位	标线			
				次干路	占指标基价（%）	支路	占指标基价（%）
指 标 基 价			元	19912	100.00	10390	100.00
一、建筑安装工程费			元	19912	100.00	10390	100.00
二、设备购置费			元	—	—	—	—
建筑安装工程费							
直接费	人工费	人工	工日	77	—	40	—
		措施费分摊	元	51	—	27	—
		人工费小计	元	2441	12.26	1274	12.26
	材料费	标线	m^2	176.82	—	92.26	—
		措施费分摊	元	556	—	290	—
		材料费小计	元	8635	43.37	4505	43.36
	机械费	机械费	元	5110	—	2666	—
		措施费分摊	元	32	—	17	—
		机械费小计	元	5142	25.82	2683	25.82
	直接费小计		元	16218	81.45	8462	81.44
综合费用			元	3694	18.55	1928	18.56
合 计			元	19912	—	10390	—

工程内容：现场组装、安装就位、调整。

单位：$100m^2$

指标编号				1F-073		1F-074		1F-075		1F-076	
项目			单位	标志							
				快速路	占指标基价(%)	主干路	占指标基价(%)	次干路	占指标基价(%)	支路	占指标基价(%)
指标基价			元	927	100.00	798	100.00	1325	100.00	799	100.00
一、建筑安装工程费			元	927	100.00	798	100.00	1325	100.00	799	100.00
二、设备购置费			元	—	—	—	—	—	—	—	—
建筑安装工程费											
直接费	人工费	人工	工日	1	—	1	—	1	—	1	—
		措施费分摊	元	2	—	2	—	3	—	2	—
		人工费小计	元	35	3.78	30	3.76	49	3.70	30	3.75
	材料费	加长横臂标志 2.5m×5m	面	—	—	0.01	—	0.02	—	0.01	—
		标志 1m×2m	面	0.02	—	0.02	—	0.04	—	0.11	—
		标志 1.5m×3m	面	0.02	—	—	—	—	—	—	—
		标志 2.5m×5m	面	0.01	—	—	—	—	—	—	—
		高强悬空指路标志 3.6m×6m	面	0.002	—	—	—	—	—	—	—
		高强燕式指路标志 3.6m×6m	面	0.002	—	—	—	—	—	—	—
		其他材料费	元	44	—	40	—	97	—	105	—
		措施费分摊	元	26	—	22	—	37	—	22	—
		材料费小计	元	680	73.35	585	73.31	972	73.36	586	73.34
	机械费	机械费	元	39	—	34	—	56	—	34	—
		措施费分摊	元	1	—	1	—	2	—	1	—
		机械费小计	元	40	4.31	35	4.39	58	4.38	35	4.38
	直接费小计		元	755	81.45	650	81.45	1079	81.43	651	81.48
综合费用			元	172	18.55	148	18.55	246	18.57	148	18.52
合计			元	927	—	798	—	1325	—	799	—

工程内容：现场拼装、安装调整水平垂直度、固定等。

单位：组

指标编号				1F-077	
项目			单位	信号灯	
					占指标基价（%）
指标基价			元	42762	100.00
一、建筑安装工程费			元	42762	100.00
二、设备购置费			元	—	—
建筑安装工程费					
直接费	人工费	人工	工日	48	—
		措施费分摊	元	110	—
		人工费小计	元	1612	3.77
	材料费	信号灯电源	个	0.25	—
		交通信号灯	组	1.00	—
		措施费分摊	元	1193	—
		材料费小计	元	32331	75.61
	机械费	机械费	元	816	—
		措施费分摊	元	69	—
		机械费小计	元	885	2.07
	直接费小计		元	34828	81.45
综合费用			元	7934	18.55
合　计			元	42762	—

2.9 道路绿化

工程内容：1. 挖坑施肥，吊卸落坑，扶正回土，支撑固定，筑围浇水，覆土保墒，清理现场，新工养护。2. 修坑施肥，修剪整形，栽植，浇水，覆土保墒，清理现场，新工养护。

单位：100m

指标编号				1F-078		1F-079	
项目			单位	绿化			
				乔木	占指标基价（%）	球形植物	占指标基价（%）
指标基价			元	56890	100.00	2238	100.00
一、建筑安装工程费			元	56890	100.00	2238	100.00
二、设备购置费			元	—	—	—	—
建筑安装工程费							
直接费	人工费	人工	工日	79	—	11	—
		措施费分摊	元	146	—	6	—
		人工费小计	元	2600	4.57	348	15.55
	材料费	球形植物	株	—	—	20.00	—
		树苗	株	20.00	—	—	—
		其他材料费	元	1836	—	209	—
		措施费分摊	元	1588	—	62	—
		材料费小计	元	43424	76.33	1471	65.73
	机械费	机具费	元	220	—	—	—
		措施费分摊	元	91	—	4	—
		机械费小计	元	311	0.55	4	0.18
	直接费小计		元	46335	81.45	1823	81.46
综合费用			元	10555	18.55	415	18.54
合计			元	56890	—	2238	—

工程内容：1.修沟施肥，修剪整形，栽植，浇水，覆土保墒，清理现场，新工养护。2.翻土整地，施肥，搬运草皮，铺草皮，浇水，清理现场，新工养护。

单位：$100m^2$

指标编号			单位	1F-080		1F-081	
项目			单位	绿化			
				绿篱	占指标基价（%）	草坪	占指标基价（%）
指标基价			元	11325	100.00	3915	100.00
一、建筑安装工程费			元	11325	100.00	3915	100.00
二、设备购置费			元	—	—	—	—
建筑安装工程费							
直接费	人工费	人工	工日	55	—	41	—
		措施费分摊	元	29	—	10	—
		人工费小计	元	1737	15.34	1283	32.77
	材料费	绿篱	m^2	100.00	—	—	—
		种植土	m^3	54.00	—	24.00	—
		草皮	m^2	—	—	100.00	—
		其他材料费	元	134	—	94	—
		措施费分摊	元	316	—	109	—
		材料费小计	元	7469	65.95	1900	48.53
	机械费	措施费分摊	元	18	—	6	—
		机械费小计	元	18	0.16	6	0.15
	直接费小计		元	9224	81.45	3189	81.46
综合费用			元	2101	18.55	726	18.54
合计			元	11325	—	3915	—

附　　录

附录一　综合指标套用分项指标明细表

综合指标编号	分项指标编号	分项名称			单位	数量
1Z-001	1F-001	路基土石方	挖土方		$100m^3$	0.7453
	1F-026	石灰土		15cm	$100m^2$	0.1875
	1F-028	石灰、粉煤灰、土		15cm	$100m^2$	1.0094
	1F-029	石灰、粉煤灰、土		增 3cm	$100m^2$	3.0282
	1F-030	石灰粉煤灰碎石		20cm	$100m^2$	1.0094
	1F-031	石灰粉煤灰碎石		减 2cm	$100m^2$	−2.019
	1F-034	水泥稳定碎石		20cm	$100m^2$	1.0094
	1F-035	水泥稳定碎石		减 2cm	$100m^2$	−2.019
	1F-042	顶层多合土养生			$100m^2$	1.0094
	1F-043	沥青混凝土		12cm	$100m^2$	0.875
	1F-045	改性沥青混凝土		4cm	$100m^2$	0.875
	1F-049	人行道面层	水泥花砖		$100m^2$	0.0938
	1F-053		缘石		100m	0.0313
	1F-054		侧石		100m	0.125
	1F-057	路面暗管排水			$100m^2$	1
1Z-002	1F-001	路基土石方	挖土方		$100m^3$	0.6643
	1F-026	石灰土		15cm	$100m^2$	0.1875
	1F-028	石灰、粉煤灰、土		15cm	$100m^2$	1.0094
	1F-030	石灰粉煤灰碎石		20cm	$100m^2$	2.0188
	1F-031	石灰粉煤灰碎石		减 7cm	$100m^2$	−7.0658
	1F-042	顶层多合土养生			$100m^2$	1.0094
	1F-043	沥青混凝土		12cm	$100m^2$	0.875
	1F-044	沥青混凝土		减 2cm	$100m^2$	−1.75
	1F-045	改性沥青混凝土		4cm	$100m^2$	0.875
	1F-049	人行道面层	水泥花砖		$100m^2$	0.0938
	1F-053		缘石		100m	0.0313
	1F-054		侧石		100m	0.125
	1F-057	路面暗管排水			$100m^2$	1
1Z-003	1F-001	路基土石方	挖土方		$100m^3$	0.07656
	1F-028	石灰、粉煤灰、土		15cm	$100m^2$	0.1094
	1F-029	石灰、粉煤灰、土		增 1cm	$100m^2$	0.3282
	1F-030	石灰粉煤灰碎石		20cm	$100m^2$	0.1094
	1F-031	石灰粉煤灰碎石		减 2cm	$100m^2$	−0.2188
	1F-034	水泥稳定碎石		20cm	$100m^2$	0.1094
	1F-035	水泥稳定碎石		减 2cm	$100m^2$	−0.2188
	1F-042	顶层多合土养生			$100m^2$	0.1094
	1F-043	沥青混凝土		12cm	$100m^2$	0.1094
	1F-045	改性沥青混凝土		4cm	$100m^2$	0.1094

续表

综合指标编号	分项指标编号	分项名称			单位	数量
1Z-004	1F-001	路基土石方	挖土方		$100m^3$	0.06781
	1F-028	石灰、粉煤灰、土		15cm	$100m^2$	0.1094
	1F-030	石灰粉煤灰碎石		20cm	$100m^2$	0.2188
	1F-031	石灰粉煤灰碎石		减 7cm	$100m^2$	−0.7658
	1F-042	顶层多合土养生			$100m^2$	0.1094
	1F-043	沥青混凝土		12cm	$100m^2$	0.1094
	1F-044	沥青混凝土		减 2cm	$100m^2$	−0.2188
	1F-045	改性沥青混凝土		4cm	$100m^2$	0.1094
1Z-005	1F-001	路基土石方	挖土方		$100m^3$	0.7034
	1F-026	石灰土		15cm	$100m^2$	0.35292
	1F-028	石灰、粉煤灰、土		15cm	$100m^2$	1.0176
	1F-030	石灰粉煤灰碎石		20cm	$100m^2$	1.0176
	1F-031	石灰粉煤灰碎石		减 2cm	$100m^2$	−2.0352
	1F-034	水泥稳定碎石		20cm	$100m^2$	1.0176
	1F-035	水泥稳定碎石		减 2cm	$100m^2$	−2.0352
	1F-042	顶层多合土养生			$100m^2$	1.0176
	1F-043	沥青混凝土		12cm	$100m^2$	0.9117
	1F-044	沥青混凝土		减 1cm	$100m^2$	−0.9117
	1F-049	人行道面层	水泥花砖		$100m^2$	0.17646
	1F-053		缘石		100m	0.05882
	1F-054		侧石		100m	0.17646
	1F-057	路面暗管排水			$100m^2$	1
1Z-006	1F-001	路基土石方	挖土方		$100m^3$	0.6624
	1F-026	石灰土		15cm	$100m^2$	0.35292
	1F-028	石灰、粉煤灰、土		15cm	$100m^2$	1.0176
	1F-030	石灰粉煤灰碎石		20cm	$100m^2$	2.0352
	1F-031	石灰粉煤灰碎石		减 7cm	$100m^2$	−7.1232
	1F-042	顶层多合土养生			$100m^2$	1.0176
	1F-043	沥青混凝土		12cm	$100m^2$	0.9117
	1F-044	沥青混凝土		减 2cm	$100m^2$	−1.8234
	1F-049	人行道面层	水泥花砖		$100m^2$	0.17646
	1F-053		缘石		100m	0.05882
	1F-054		侧石		100m	0.17646
	1F-057	路面暗管排水			$100m^2$	1
1Z-007	1F-001	路基土石方	挖土方		$100m^3$	0.1274
	1F-028	石灰、粉煤灰、土		15cm	$100m^2$	0.20587
	1F-030	石灰粉煤灰碎石		20cm	$100m^2$	0.20587
	1F-031	石灰粉煤灰碎石		减 2cm	$100m^2$	−0.41174
	1F-034	水泥稳定碎石		20cm	$100m^2$	0.20587
	1F-035	水泥稳定碎石		减 2cm	$100m^2$	−0.41174

续表

综合指标编号	分项指标编号	分项名称			单位	数量
1Z-007	1F-042	顶层多合土养生			$100m^2$	0.20587
	1F-043	沥青混凝土		12cm	$100m^2$	0.20587
	1F-044	沥青混凝土		减 1cm	$100m^2$	–0.20587
1Z-008	1F-001	路基土石方	挖土方		$100m^3$	0.1194
	1F-028	石灰、粉煤灰、土		15cm	$100m^2$	0.20587
	1F-030	石灰粉煤灰碎石		20cm	$100m^2$	0.41174
	1F-031	石灰粉煤灰碎石		减 7cm	$100m^2$	–1.44709
	1F-042	顶层多合土养生			$100m^2$	0.20587
	1F-043	沥青混凝土		12cm	$100m^2$	0.20587
	1F-044	沥青混凝土		减 2cm	$100m^2$	–0.41174
1Z-009	1F-001	路基土石方	挖土方		$100m^3$	0.7189
	1F-026	石灰土		15cm	$100m^2$	0.60872
	1F-028	石灰、粉煤灰、土		15cm	$100m^2$	1.0261
	1F-030	石灰粉煤灰碎石		20cm	$100m^2$	2.0522
	1F-031	石灰粉煤灰碎石		减 7cm	$100m^2$	–7.1827
	1F-042	顶层多合土养生			$100m^2$	1.0216
	1F-043	沥青混凝土		12cm	$100m^2$	1
	1F-044	沥青混凝土		减 2cm	$100m^2$	–2
	1F-049	人行道面层	水泥花砖		$100m^2$	0.30436
	1F-053		缘石		100m	0.08696
	1F-054		侧石		100m	0.08696
	1F-057	路面暗管排水			$100m^2$	1
1Z-010	1F-001	路基土石方	挖土方		$100m^3$	0.6568
	1F-026	石灰土		15cm	$100m^2$	0.60872
	1F-028	石灰、粉煤灰、土		15cm	$100m^2$	1.0261
	1F-030	石灰粉煤灰碎石		20cm	$100m^2$	1.0261
	1F-031	石灰粉煤灰碎石		减 10cm	$100m^2$	–5.1305
	1F-042	顶层多合土养生			$100m^2$	1.0261
	1F-043	沥青混凝土		12cm	$100m^2$	1
	1F-044	沥青混凝土		减 5cm	$100m^2$	–5
	1F-049	人行道面层	水泥花砖		$100m^2$	0.30436
	1F-053		缘石		100m	0.08696
	1F-054		侧石		100m	0.08696
	1F-057	路面暗管排水			$100m^2$	1
1Z-011	1F-001	路基土石方	挖土方		$100m^3$	0.836
	1F-026	石灰土		15cm	$100m^2$	3.433
	1F-030	石灰粉煤灰碎石		20cm	$100m^2$	1.0499
	1F-031	石灰粉煤灰碎石		减 5cm	$100m^2$	–5.2495
	1F-042	顶层多合土养生			$100m^2$	1.0499
	1F-043	沥青混凝土		12cm	$100m^2$	1

续表

综合指标编号	分项指标编号	分项名称			单位	数量
1Z-011	1F-044	沥青混凝土		减 3cm	$100m^2$	−3
	1F-049	人行道面层	水泥花砖		$100m^2$	0.6666
	1F-053		缘石		100m	0.1667
	1F-054		侧石		100m	0.1667
	1F-057	路面暗管排水			$100m^2$	1
1Z-012	1F-001	路基土石方	挖土方		$100m^3$	0.7079
	1F-026	石灰土		15cm	$100m^2$	2.3831
	1F-027	石灰土		增 5cm	$100m^2$	5.2495
	1F-030	石灰粉煤灰碎石		20cm	$100m^2$	1.0499
	1F-031	石灰粉煤灰碎石		减 2cm	$100m^2$	−2.0998
	1F-042	顶层多合土养生			$100m^2$	1.0499
	1F-043	沥青混凝土		12cm	$100m^2$	1
	1F-044	沥青混凝土		减 8cm	$100m^2$	−8
	1F-049	人行道面层	水泥花砖		$100m^2$	0.6666
	1F-053		缘石		100m	0.1667
	1F-054		侧石		100m	0.1667
	1F-057	路面暗管排水			$100m^2$	1
1Z-013	1F-001	路基土石方	挖土方		$100m^3$	0.6229
	1F-026	石灰土		15cm	$100m^2$	0.1876
	1F-030	石灰粉煤灰碎石		20cm	$100m^2$	2.0188
	1F-031	石灰粉煤灰碎石		减 10cm	$100m^2$	−10.094
	1F-042	顶层多合土养生			$100m^2$	1.0094
	1F-047	水泥混凝土		24cm	$100m^2$	0.875
	1F-048	水泥混凝土		增 4cm	$100m^2$	3.5
	1F-049	人行道面层	水泥花砖		$100m^2$	0.0938
	1F-053		缘石		100m	0.0313
	1F-054		侧石		100m	0.125
	1F-057	路面暗管排水			$100m^2$	1
1Z-014	1F-001	路基土石方	挖土方		$100m^3$	0.62149
	1F-026	石灰土		15cm	$100m^2$	0.35292
	1F-030	石灰粉煤灰碎石		20cm	$100m^2$	2.0352
	1F-031	石灰粉煤灰碎石		减 10cm	$100m^2$	−10.176
	1F-042	顶层多合土养生			$100m^2$	1.0176
	1F-047	水泥混凝土		24cm	$100m^2$	0.9117
	1F-049	人行道面层	水泥花砖		$100m^2$	0.17646
	1F-053		缘石		100m	0.05882
	1F-054		侧石		100m	0.17646
	1F-057	路面暗管排水			$100m^2$	1
1Z-015	1F-001	路基土石方	挖土方		$100m^3$	0.63611
	1F-026	石灰土		15cm	$100m^2$	0.60872

续表

综合指标编号	分项指标编号	分项名称	单位	数量
1Z-015	1F-030	石灰粉煤灰碎石 20cm	100m^2	2.0522
	1F-031	石灰粉煤灰碎石 减 10cm	100m^2	−10.261
	1F-042	顶层多合土养生	100m^2	1.0261
	1F-047	水泥混凝土 24cm	100m^2	1
	1F-048	水泥混凝土 减 4cm	100m^2	−4
	1F-049	人行道面层 水泥花砖	100m^2	0.30436
	1F-053	缘石	100m	0.08696
	1F-054	侧石	100m	0.08696
	1F-057	路面暗管排水	100m^2	1
1Z-016	1F-001	路基土石方 挖土方	100m^3	0.6653
	1F-026	石灰土 15cm	100m^2	1.3332
	1F-030	石灰粉煤灰碎石 20cm	100m^2	1.0499
	1F-042	顶层多合土养生	100m^2	1.0499
	1F-047	水泥混凝土 24cm	100m^2	1
	1F-048	水泥混凝土 减 6cm	100m^2	−6
	1F-049	人行道面层 水泥花砖	100m^2	0.6666
	1F-053	缘石	100m	0.1667
	1F-054	侧石	100m	0.1667
	1F-057	路面暗管排水	100m^2	1
1Z-017	1F-001	路基土石方 挖土方	100m^3	0.08
	1F-005	路基土石方 填方 黄土	100m^3	1.46
	1F-028	石灰、粉煤灰、土 15cm	100m^2	1
	1F-030	石灰粉煤灰碎石 20cm	100m^2	2
	1F-031	石灰粉煤灰碎石 减 7cm	100m^2	−7
	1F-043	沥青混凝土 12cm	100m^2	1
	1F-044	沥青混凝土 减 2cm	100m^2	−2
	1F-061	挡土墙基础 混凝土	100m	0.067
	1F-062	现浇钢筋混凝土挡土墙	100m	0.0666
	1F-065	防撞护栏及栏杆	100m	0.0667
1Z-018	1F-001	路基土石方 挖土方	100m^3	0.08
	1F-005	路基土石方 填方 黄土	100m^3	1.4596
	1F-028	石灰、粉煤灰、土 15cm	100m^2	1
	1F-030	石灰粉煤灰碎石 20cm	100m^2	2
	1F-031	石灰粉煤灰碎石 减 7cm	100m^2	−7
	1F-043	沥青混凝土 12cm	100m^2	1
	1F-044	沥青混凝土 减 2cm	100m^2	−2
	1F-061	挡土墙基础 混凝土	100m	0.067
	1F-063	安装装配式钢筋混凝土挡土墙	100m	0.0666
	1F-065	防撞护栏及栏杆	100m	0.0667
1Z-019	1F-001	路基土石方 挖土方	100m^3	0.08

续表

综合指标编号	分项指标编号	分项名称	单位	数量
1Z-019	1F-005	路基土石方　　填方　黄土	$100m^3$	1.4593
	1F-028	石灰、粉煤灰、土　15cm	$100m^2$	1
	1F-030	石灰粉煤灰碎石　20cm	$100m^2$	2
	1F-031	石灰粉煤灰碎石　减 7cm	$100m^2$	−7
	1F-043	沥青混凝土　12cm	$100m^2$	1
	1F-044	沥青混凝土　减 2cm	$100m^2$	−2
	1F-061	挡土墙基础　混凝土	100m	0.067
	1F-064	浆砌块石挡土墙	100m	0.0666
	1F-065	防撞护栏及栏杆	100m	0.0667

附录二　主要材料、机械台班、设备单价取定表

序号	名　　称	规格型号	单位	单价（元）
1	无缝钢管	（综合）	kg	5.40
2	水泥砖		m^2	37.00
3	缘石乙 2	8/10×30	m	14.82
4	缘石乙 3	10×20×49.5	m	23.16
5	预制混凝土挡墙	H=3 ~ 4m	m^3	610.00
6	碎石、块石		m^3	57.80
7	石灰粉煤灰砂砾		t	43.50
8	石灰粉煤灰碎石		t	50.00
9	水泥稳定碎石		t	90.00
10	块石、片石		m^3	52.99
11	中砂		m^3	43.26
12	天然砂砾		m^3	54.45
13	生石灰		t	147.00
14	透水砖		m^2	47.00
15	合金钢钻头		个	32.20
16	不锈钢扶手	ϕ75	m	143.75
17	不锈钢立柱	ϕ20	m	28.75
18	不锈钢栏杆	ϕ50	m	75.00
19	土工布		m^2	2.50
20	雷管		个	0.52
21	硝胺炸药		kg	3.90
22	无砂管	ϕ400	m	40.25
23	混凝土	C10	m^3	262.24
24	商品混凝土	C15	m^3	277.24
25	商品混凝土	C25	m^3	307.24
26	商品混凝土	C30	m^3	327.24
27	抗折 5MPa 商品混凝土		m^3	360.00

续表

序号	名　　称	规格型号	单位	单价（元）
28	水泥粉煤灰碎石混凝土	C20	m^3	270.46
29	改性沥青混凝土		t	355.49
30	定型钢模板		kg	4.30
31	钢筋混凝土管	ϕ300	m	18.12
32	混凝土分离型侧平石（立缘石）		m	51.94
33	山皮石		m^3	41.00
34	石质块		m	60.00
35	水		m^3	0.45
36	塑料排水板		m	2.41
37	细料石		m^3	41.00
38	铸铁平箅		套	33.80
39	砂砾		m^3	54.45
40	道路粉煤灰		t	45.00
41	路基黄土		m^3	19.00
42	水泥	32.5	t	330.00
43	水泥砂浆	M10	m^3	102.65
44	水泥粉煤灰碎石混凝土		m^3	270.46
45	土工隔栅		m^2	6.00
46	石灰土		m^3	48.00
47	石灰、粉煤灰、土混合料		t	47.00
48	沥青混凝土	（综合）	t	204.51
49	标线		m^2	45.69
50	高强悬空指路标志		面	48620.00
51	高强燕式指路标志		面	89020.00
52	标志	2.5m×5m	面	23923.75
53	标志	1.5m×3m	面	6258.70
54	标志	1m×2m	面	1984.15
55	加长横臂标志	2.5m×5m	面	34906.67
56	各类标志		面	1984.15

续表

序号	名　称	规格型号	单位	单价（元）
57	交通信号灯		组	24157.25
58	信号灯电源		个	27921.00
59	种植土		m^3	37.40
60	球形植物		株	60.00
61	绿篱		m^2	50.00
62	草皮		m^2	8.00
63	水泥稳定土		t	50.00
64	水泥稳定砂砾		t	85.00
65	石质花砖		m^2	80.00
66	钢筋	（综合）	t	3408.00
67	铸钢件		kg	5.48
68	胶质导线	$2mm^2$	m	0.69
69	汽车起重机	5t	台班	402.49
70	载重汽车	4t	台班	285.27
71	交流电焊机	32kV·A	台班	59.90
72	洒水车	4000L	台班	339.22
73	平地机	90HP	台班	464.85
74	自卸车	4t	台班	345.81
75	空压机	（综合）	台班	320.01
76	拖拉机	54 马力	台班	362.57
77	履带式起重机	15t	台班	535.19
78	灰浆搅拌机	200L	台班	50.86
79	泥浆泵	ϕ100	台班	103.25
80	灰浆输送泵		台班	93.02
81	混凝土振捣器（插入式）		台班	4.71
82	混凝土振捣器（平板式）		台班	4.51
83	离心水泵	ϕ100	台班	68.08
84	履带式单斗挖土机	$1.0m^3$	台班	728.06
85	履带式推土机	75kW	台班	545.44

续表

序号	名　　称	规格型号	单位	单价（元）
86	履带式推土机	60kW	台班	397.19
87	轮胎式装载机	$1m^3$	台班	298.05
88	自卸汽车	8t	台班	506.34
89	振动压路机	（综合）	台班	573.30
90	履带式沥青混凝土摊铺机		台班	1260.37
91	混凝土锯缝机		台班	170.78
92	压路机	6 ~ 8t	台班	369.79
93	压路机	8 ~ 10t	台班	497.06
94	压路机	12 ~ 15t	台班	591.91
95	机动翻斗车	1t	台班	111.82
96	滚筒式混凝土搅拌机电动	出土量 400L	台班	92.48
97	旋喷桩机	*D*600 ~ 800	台班	123.81
98	电动卷扬机 单筒慢速	5t	台班	73.21
99	振冲器	30kW	台班	280.29
100	工程钻机	*D*500	台班	298.05
101	混凝土磨光机		台班	18.49
102	履带式电动起重机	5t	台班	147.43
103	内燃空气压缩机	$9m^3/min$	台班	285.08
104	混凝土振动梁		台班	22.61
105	抓铲挖掘机		台班	527.23
106	混凝土路面刻槽机		台班	129.79
107	稳定土混合料摊铺机		台班	6500.00
108	履带式推土机	135kW	台班	769.00

附录三　编制道路工程投资估算应用案例

1　综合指标应用案例

例：某市计划建一条主干路，长 2300m，地面较平坦，横断面按三幅路布置，机动车道宽 30m，分隔带两侧各宽 1.5m，非机动车道两侧各宽 4m，人行道两侧各宽 3m，机动车道与非机动车道路面为沥青混凝土路面，人行道铺筑水泥花砖。机动车道与非机动车道结构为沥青混凝土面层 10cm，基层为石灰粉煤灰碎石 18cm，石灰粉煤灰碎石 18cm，石灰粉煤灰土 15cm。人行道面层为水泥花砖 6cm，两步 15cm 石灰土。

市场人工、材料、机械价格如下：

人工：36 元/工日；

材料：石灰粉煤灰土混合料 50 元/t；　　石灰粉煤灰碎石 60 元/t；

沥青混凝土（综合）332.1 元/t；

机械：稳定土混合料摊铺机 6520 元/台班；　　履带式沥青混凝土摊铺机 1300 元/台班；

自卸汽车 8t，516 元/台班；　　压路机 12~15t，610 元/台班；

压路机 8~10t，506 元/台班。

一、建筑安装工程费计算：

（一）本工程为主干路，套用综合指标 1Z-006 沥青混凝土主干路（三幅）结构层厚度 58cm， 1Z-008 沥青混凝土主干路（三幅）每增减两车道结构层厚度 58cm，分项指标 1F-031 石灰粉煤灰碎石每增减 1cm，1F-044 沥青混凝土土每增减 1cm。

（二）指标中的人工、主要材料、机械价格的调整：

1. 人工费换价：

人工费 = 综合工 ×（采用当时当地的）工日单价

1Z-006 沥青混凝土主干路（三幅），结构层厚度 58cm：

$$14\text{ 工日} \times 36\text{（元/工日）} = 504\text{（元）}$$

1Z-008 沥青混凝土主干路（三幅）每增减两车道结构层厚度 58cm：

$$1\text{ 工日} \times 36\text{（元/工日）} = 36\text{（元）}$$

1F-044 沥青混凝土土增减 1cm:

$$1\text{ 工日} \times 36\text{（元/工日）} = 36\text{（元）}$$

2. 材料费换价：

序号	规格型号	单位	单价(元)	1Z-006		1Z-008		1F-044		1F-031	
				耗用量	合价(元)	耗用量	合价(元)	耗用量	合价(元)	耗用量	合价(元)
1	石灰粉煤灰土混合料	t	50	22.27	1114	4.50	225	—	—	—	—
2	石灰粉煤灰碎石	t	60	65.76	3946	13.29	797	—	—	1.96	118
3	沥青混凝土（综合）	t	332.1	21.64	7187	4.89	1624	2.37	787	—	—
4	合　计	—	—	—	12247	—	2646	—	787	—	118

其他材料费计算：

$$\text{其他材料费=指标其他材料费×}\frac{\text{调整后的主要材料费}}{\text{指标（材料费小计-其他材料费-材料费中措施费分摊）}}$$

（1）1Z-006 其他材料费用换算：

$$\text{其他材料费=2233×}\frac{12246}{11522-2233-529}=3122\text{(元)}$$

（2）1Z-008 其他材料费用换算：

$$其他材料费=374\times\frac{2646}{2135-374-97}=595(元)$$

（3）1F-044 其他材料费用换算：

$$其他材料费=8\times\frac{787}{513-8-20}=13(元)$$

3. 机械费换价：

序号	规格型号	单位	单　价（元）	1Z-006		1Z-008		1F-044	
				耗用量	合价（元）	耗用量	合价（元）	耗用量	合价（元）
1	稳定土混合料摊铺机	台班	6520	0.07	456	0.01	65	—	—
2	履带式沥青混凝土摊铺机	台班	1300	0.26	338	0.06	78	0.01	13
3	自卸汽车 8t	台班	516	3.04	1569	0.55	284	—	—
4	压路机 12~15t	台班	610	0.90	549	0.18	110	0.02	12
5	压路机 8~10t	台班	506	0.38	192	0.09	46	0.02	10
6	履带式单斗挖土机 1.0m^3	台班	728.06	0.19	138	0.03	22	—	—
7	合　计	—	—	—	3242	—	605	—	35

其他机械费计算：

$$其他机械费=指标其他机械费\times\frac{调整后的主要机械费}{指标（机械费小计-其他机械费-机械费中措施费分摊）}$$

$$1Z-006其他机械费=523\times\frac{3242}{3443-523-30}=587(元)$$

$$1Z-008其他机械费=103\times\frac{605}{656-103-6}=114(元)$$

（三）指标措施费计算：

措施费费率为 4.1%，则：

措施费 = 调整后的（人工费+材料费+机械费）× 费率

（其中分摊比例：人工费占 8%，材料费占 87%，机械费占 5%）

1Z-006 措施费计算：

调整后的（人工费+材料费+机械费）=504+12247+3122+3242+587 = 19702（元）

措施费 = 19702 × 0.041 = 808（元）

其中：人工费中措施费分摊 = 808 × 0.08 = 65（元）

材料费中措施费分摊 = 808 × 0.87 = 703（元）

机械费中措施费分摊 = 808 × 0.05 = 40（元）

1Z-008 措施费计算：

调整后的（人工费+材料费+机械费）=36+2646+595+605+114 = 3996（元）

措施费 = 3996 × 0.041 = 164（元）

其中：人工费中措施费分摊 = 164 × 0.08 = 13（元）

材料费中措施费分摊 = 164 × 0.87 = 143（元）

机械费中措施费分摊 = 164 × 0.05 = 8（元）

1F-031 措施费计算：

调整后的（人工费+材料费+机械费）=0+118+0 = 118（元）

措施费 = 118 × 0.041 = 5（元）

其中：人工费中措施费分摊 = 5 × 0.08 = 0（元）

材料费中措施费分摊 = 5 × 0.87 = 4（元）

机械费中措施费分摊 = 5 × 0.05 = 0（元）

1F-044 措施费计算：

调整后的（人工费+材料费+机械费） = 36+787+13+35 = 871（元）

措施费 = 871 × 0.041 = 36（元）

其中：人工费中措施费分摊 = 36 × 0.08 = 3（元）

材料费中措施费分摊 = 36 × 0.87 = 31（元）

机械费中措施费分摊 = 36 × 0.05 = 2（元）

（四）建筑安装工程直接费小计：

建筑安装工程直接费小计 = 调整后的（人工费+材料费+机械费）

其中：人工费小计 = 调整后的人工费+人工费中措施费分摊

材料费小计 = 调整后的材料费+材料费中措施费分摊

机械费小计 = 调整后的机械费+机械费中措施费分摊

1Z-006 建筑安装工程直接费小计：

建筑安装工程直接费小计 = 553+15898+3859 = 20310（元）

其中：人工费小计 = 504+49=553（元）

材料费小计 = 12247+3122+529 = 15898（元）

机械费小计 = 3242+587+30 = 3859（元）

1Z-008 建筑安装工程直接费小计：

建筑安装工程直接费小计 = 45+3338+725 = 4108（元）

其中：人工费小计 = 36+9=45（元）

材料费小计 = 2646+595+97 = 3338（元）

机械费小计 = 605+114+6 = 725（元）

1F-031 建筑安装工程直接费小计：

建筑安装工程直接费小计 = 121（元）

其中：材料费小计 = 118+3 = 121（元）

1F-044 建筑安装工程直接费小计：

建筑安装工程直接费小计 = 38+820+36 = 894（元）

其中：人工费小计 = 36+2 = 38（元）

材料费小计 = 787+13+20 = 820（元）

机械费小计 = 35+1 = 36（元）

（五）综合费用

采用当时当地的综合费用费率 22.78%，则：

综合费用 = 调整后的指标基价×当时当地的综合费用费率

1Z-006 综合费用 = 20310×22.78% = 4627（元）

1Z-008 综合费用 = 4108×22.78% = 936（元）

1F-031 综合费用 = 121×22.78% = 28（元）

1F-044 综合费用 = 894×22.78% = 204（元）

（六）每 $100m^2$ 建筑安装工程费：

每 $100m^2$ 建筑安装工程费 = 调整后的指标基价 + 综合费用

1Z-006 每 $100m^2$ 建筑安装工程费 = 20310 + 4627 = 24937（元）

1Z-008 每 $100m^2$ 建筑安装工程费 = 4108 + 936 = 5044（元）

1F-031 每 $100m^2$ 建筑安装工程费 = 121 + 28 = 149（元）

1F-044 每 100m^2 建筑安装工程费 = 894 + 204 = 1098（元）

二、指标总造价计算：

（一）设备工器具购置费：无

（二）工程建设其他费用：

采用当时当地的工程建设其他费用费率 12%，则：

工程建设其他费用 = 调整后的建筑安装工程费×当时当地的工程建设其他费用费率

1Z-006 工程建设其他费用 = 24937×12% = 2992（元）

1Z-008 工程建设其他费用 = 5044×12% = 605（元）

1F-031 工程建设其他费用 = 149×12% = 18（元）

1F-044 工程建设其他费用 = 1098×12% = 132（元）

（三）基本预备费：

基本预备费费率取定为 8%，则：

基本预备费 =（调整后的建筑安装工程费 + 工程建设其他费用）×8%

1Z-006 基本预备费 =（24937 + 2992）×8% = 2234（元）

1Z-008 基本预备费 =（5044 + 605）×8% = 452（元）

1F-031 基本预备费 =（149 + 18）×8% = 13（元）

1F-044 基本预备费 =（1198 + 132）×8% = 98（元）

（四）每 100m^2 指标总造价：

每 100m^2 指标总造价 = 调整后的建筑安装工程费 + 工程建设其他费用 + 基本预备费

1Z-006 每 100m^2 指标总造价 = 24937 + 2992 + 2234 = 30163（元）

1Z-008 每 100m^2 指标总造价 = 5044 + 605 + 452 = 6101（元）

1F-031 每 100m^2 指标总造价 = 149 + 18 + 13 = 180（元）

1F-044 每 100m^2 指标总造价 = 1098 + 132 + 98 = 1328（元）

（五）道路面层结构、基层结构的调整和道路增减两车道的调整：

1. 综合指标 1Z-006 沥青混凝土主干路（三幅），结构层厚度 58cm 调整为 61cm：

道路基层结构的调整，沥青混凝土主干路（三幅），结构层厚度 58cm，套用分项指标 1F-031 石灰粉煤灰碎石增 3cm：（查附录一：数量 7 .1232 ÷ 7 × 3=3.05）

调整基层后的指标基价 = 调整后的综合指标 1Z-006 + (调整后的分项指标 1F-031×3)

= 30163 + (1801×3.05) = 30712（元)

2. 综合指标 1Z-008 沥青混凝土主干路（三幅）结构层厚度 58cm 的调整：

道路基层结构的调整，套用分项指标 1F-031 石灰粉煤灰碎石增 3cm：（查附录一：数量 1.44709 ÷ 7 × 3=0.62）

调整基层后的指标基价 = 调整后的综合指标 1Z-008 + (调整后的分项指标 1F-031 × 3)

= 6101 + (180×0.62) = 6213（元）

3. 道路增减两车道的调整，套用综合指标 1Z-008 沥青混凝土主干路（三幅）每增减两车道结构层厚度 58cm 项目：

调整增加两车道后的指标基价 = 调整后的沥青混凝土主干路（三幅）结构层厚度 58cm

+ 调整后的沥青混凝土主干路（三幅）每增减两车道结构层厚度 58cm

= 30712 + 6213 = 36925(元)

（六）该路指标总造价

该路面积 = 道路长度×（机动车道宽度 + 分隔带宽度 + 非机动车道宽度）

该路面积 = 2300×（30 + 3 + 8）= 94300（m^2）

该路指标总造价 = 每 100m^2 指标总造价×该路面积 ÷ 100

该路指标总造价 = 36925×94300 ÷ 100 = 3482.03（万元）

单位：100m²

指标编号				1Z-006		1Z-008	
项目			单位	沥青混凝土主干路（三幅）58cm			
				六车道	占指标基价(%)	每增减两车道	占指标基价(%)
指标基价			元	30163	100.00	6101	100.00
一、建筑安装工程费			元	24937	82.67	5044	82.67
二、设备购置费			元	—	—	—	—
三、工程建设其他费用			元	2992	9.92	605	9.92
四、基本预备费			元	2234	7.41	452	7.41
建筑安装工程费							
直接费	人工费	综合工日	工日	14	—	1	—
		措施费分摊	元	49	—	9	—
		人工费小计	元	553	1.83	45	0.74
	材料费	沥青混凝土（综合）	t	21.64	—	4.89	—
		石灰，粉煤灰，土混合料	t	22.27	—	4.50	—
		石灰粉煤灰碎石	t	65.76	—	13.29	—
		其他材料费	元	3122	—	595	—
		措施费分摊	元	529	—	97	—
		材料费小计	元	15898	52.71	3338	54.71
	机械费	履带式单斗挖土机 1.0m³	台班	0.19	—	0.03	—
		稳定土混合料摊铺机	台班	0.07	—	0.01	—
		履带式沥青混凝土摊铺机	台班	0.26	—	0.06	—
		自卸汽车 8t	台班	3.04	—	0.55	—
		压路机 12～15t	台班	0.90	—	0.18	—
		其他机械费	元	523	—	114	—
		措施费分摊	元	30	—	6	—
		机械费小计	元	3859	12.79	725	11.88
	直接费小计		元	20310	—	4108	—
综合费用			元	4627	15.34	936	15.34
合计			元	24937	—	5044	—

单位：100m²

指标编号				1F-031	
项目			单位	石灰粉煤灰碎石	
				增减 1cm	占指标基价（%）
指标基价			元	149	100.00
一、建筑安装工程费			元	149	100.00
二、设备购置费			元	—	—
建筑安装工程费					
直接费	材料费	石灰粉煤灰碎石	t	1.96	—
		措施费分摊	元	3	—
		材料费小计	元	121	81.21
	直接费小计		元	121	—
综合费用			元	28	18.79
合计			元	149	—

单位：100m²

指标编号				1F-044	
项目			单位	沥青混凝土	
				增减 1cm	占指标基价（%）
指标基价			元	1098	100.00
一、建筑安装工程费			元	1098	100.00
二、设备购置费			元	—	—
建筑安装工程费					
直接费	人工费	综合工日	工日	1	—
		措施费分摊	元	2	—
		人工费小计	元	38	3.46
	材料费	沥青混凝土（综合）	t	2.37	—
		其他材料费	元	8	—
		措施费分摊	元	20	—
		材料费小计	元	820	74.68
	机械费	压路机 12～15t	台班	0.02	—
		压路机 8～10t	台班	0.02	—
		履带式沥青混凝土摊铺机	台班	0.01	—
		措施费分摊	元	1	—
		机械费小计	元	36	3.28
	直接费小计		元	894	—
综合费用			元	204	18.58
合计			元	1098	—

2　分项指标应用案例

例：道路面层 $1000m^2$ 水泥混凝土 24cm。

市场人工、材料、机械价格如下：

人工：36 元/工日；

材料：抗折 5MPa 商品混凝土 366 元/ m^3；

机械：混凝土路面刻槽机 136 元/台班，混凝土振动梁 23 元/台班，
混凝土磨光机 19 元/台班，混凝土锯缝机 180 元/台班，
混凝土振捣器插入式 5 元/台班。

一、建筑安装工程费计算：

（一）查本分册分项指标 1F-047 道路面层水泥混凝土 24cm。

（二）人工费、材料费、机械费单价换价：

1. 人工费换价：

人工费 = 综合工 ×（采用当时当地的）工日单价

1F-047 道路面层水泥混凝土 24cm　　14（工日）× 36（元/工日）= 504（元）

2. 材料费换价：

序号	规格型号	单位	单价（元）	1F-047	
				耗用量	合价（元）
1	抗折 5MPa 商品混凝土	m^3	366	24.36	8916
2	合　计	—	—	—	8916

$$\text{其他材料费}=\text{指标其他材料费}\times\frac{\text{调整后的主要材料费}}{\text{指标（材料费小计}-\text{其他材料费}-\text{材料费中措施费分摊）}}$$

1F-047 道路面层水泥混凝土 24cm：

$$\text{其他材料费}=1261\times\frac{8916}{10410-1261-380}=1282(\text{元})$$

3. 机械费换价：

序号	规格型号	单位	单价（元）	1F-047	
				耗用量	合价（元）
1	混凝土路面刻槽机	台班	136	0.61	83
2	混凝土振动梁	台班	23	0.73	17
3	混凝土磨光机	台班	19	0.73	14
4	混凝土锯缝机	台班	180	0.15	27
5	混凝土振捣器插入式	台班	5	1.76	9
6	合　计	—	—	—	150

其他机械费计算：

$$其他机械费=指标其他机械费\times\frac{调整后的主要机械费}{指标（机械费小计-其他机械费-机械费中措施费分摊）}$$

$$1F-047其他机械费=33\times\frac{150}{198-33-22}=35(元)$$

（三）分项指标措施费计算：

措施费费率为 4.1%，则：

措施费 = 调整后的（人工费+主材费+其他材料费+主要机械费+其他机械费）× 费率

（其中分摊比例：人工费占 8%，材料费占 87%，机械费占 5%）

1F-047 措施费计算：

调整后的（人工费+主材费+其他材料费+主要机械费+其他机械费）=（504+8916+1282+150+35）

= 10887（元）

措施费 = 10887 × 0.041 = 446（元）

其中：人工费中措施费分摊 = 446 × 0.08 = 36（元）

材料费中措施费分摊 = 446 × 0.87 = 388（元）

机械费中措施费分摊 = 446 × 0.05 = 22（元）

（四）建筑安装工程直接费小计：

建筑安装工程直接费小计 = 调整后的（人工费+材料费+机械费）

其中：人工费小计 = 调整后的人工费+人工费中措施费分摊

材料费小计 = 调整后的材料费+材料费中措施费分摊

机械费小计 = 调整后的机械费+机械费中措施费分摊

1F-047 建筑安装工程直接费小计：

建筑安装工程直接费小计 = 539+10578+205 = 11322（元）

其中：人工费小计 = 504+35 = 539（元）

材料费小计 = 8916+1282+380 = 10578（元）

机械费小计 = 150+33+22 = 205（元）

（五）综合费用计算：

采用综合费用费率为 22.78%，则：

综合费用 = 建筑安装工程直接费小计 × 综合费用费率

1F-047 综合费用计算：11322 × 22.78% = 2579（元）

（六）调整后的分项指标基价：

建筑安装工程直接费合计 = 建筑安装工程直接费小计+综合费用

1F-047 调整后的分项指标基价：11322+2579 = 13901（元）

二、建筑安装工程造价：

建筑安装工程造价 = 每 100m² 建筑安装工程费 × 总面积 ÷ 100

= 13901 × 10000 ÷ 100 = 139.01（万元）

单位：100m²

指标编号				1F-047	
项　　目			单位	水泥混凝土	
				24cm	占指标基价（%）
指标基价			元	13901	100.00
一、建筑安装工程费			元	13901	100.00
二、设备购置费			元	—	—
建筑安装工程费					
直接费	人工费	人工	工日	14	—
		措施费分摊	元	35	—
		人工费小计	元	539	3.88
	材料费	抗折 5MPa 商品混凝土	m^3	24.36	—
		其他材料费	元	1261	—
		措施费分摊	元	380	—
		材料费小计	元	10578	76.10
	机械费	混凝土路面刻槽机	台班	0.61	—
		混凝土振动梁	台班	0.73	—
		混凝土磨光机	台班	0.73	—
		混凝土锯缝机	台班	0.15	—
		混凝土振捣器插入式	台班	1.76	—
		其他机械费	元	33	—
		措施费分摊	元	22	—
		机械费小计	元	205	1.47
	直接费小计		元	11322	—
综合费用			元	2579	18.55
合　　计			元	13901	—

本册主编单位： 天津市建设工程定额管理研究站

天津市市政工程经济技术定额研究站

本册参编单位： 天津市政工程设计研究院

天津城建设计院有限公司

本册主要编写人员： 杨树海　白树华　李　军　郑翠华　肖永凯

周一兵　冯　皓　周中琨　刘晓鹏　姜鹏飞

翟润章　黄永军　任育新　刘　佳　孙少华

综合组成员： 胡传海　徐金泉　王海宏　胡晓丽　白洁如

李艳海　刘　军　刘　智　李永芳　白树华

张东海　龚伟中　王　梅　刘　运　陆勇雄

陈益梁　刘　洁　温鄂生　金春平　吴宏伟

王慧颖　陈建民